놀면서 좋아지는 IQ와 AQ

블랙 로직아트

중급

시간과공간사

✏️ 블랙 로직아트 기본 규칙

— 가로와 세로에 있는 숫자는 해당 세로 열 또는 가로 행에
  연속으로 칠해져야 하는 칸의 수를 의미합니다.

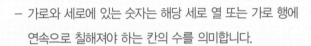

— 숫자가 한 개 이상일 때는 두 숫자만큼 칠한 칸 사이를
  한 칸 이상 띄어야 합니다.

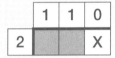

— 숫자의 크기만큼 색칠하고 완성된 숫자에는 / 표시를 합니다.

— 칠할 수 없는 칸에는 X 표시를 합니다.

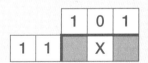

블랙 로직아트 쉽게 푸는 꿀팁!

#1 한 가지 경우의 수만 존재할 때

1. 주어진 칸의 수와 색칠해야 하는 칸의 수가 같을 때

주어진 칸이 다섯 칸이고 색칠해야 하는 칸 또한 다섯 칸입니다.
모든 칸을 색칠하는 한 가지 경우의 수만 존재합니다.

2. 색칠해야 하는 칸의 수와 빈칸의 합이 전체 칸의 수와 같을 때

왼쪽부터 세 칸을 칠하고, 한 칸을 띄운 후, 한 칸을 더 칠하면
해당 행이 완성됩니다. (3+1+1=5)

왼쪽부터 두 칸을 칠하고 한 칸을 띄운 후, 두 칸을 더 칠하면,
해당 행이 완성됩니다. (2+1+2=5)

주어진 다섯 개의 빈칸에 연속해서 세 칸을 색칠할 수 있는 경우의
수는 아래의 A, B, C 세 가지가 있습니다.

이 셋 중에 무엇이 답이 되더라도 각 경우의 교집합에 해당하는
가운데 한 칸을 색칠한다는 것은 확실합니다.
교집합 부분을 먼저 색칠하고 다른 숫자들을 풀어보세요.
색칠된 부분이 다른 칸의 숫자에 힌트를 줄 수도 있습니다.
단, 아직 해당 칸의 문제가 풀린 것은 아니기 때문에 3에 / 표시를
하거나 빈칸에 X 표시를 하지 않습니다.

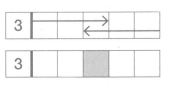

교집합 부분을 쉽게 찾는 방법!

양 끝에서 주어진 숫자만큼 선을 그어보세요.
겹쳐지는 칸이 바로 교집합 부분입니다!

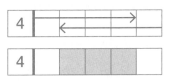

4

#3 공집합

연속으로 세 개의 칸을 칠해야 하는데 이미 두 칸이 칠해져 있습니다.
만약 맨 오른쪽 칸을 칠하게 되면 세 칸이 연속으로 칠해지지 않습니다.
그러므로 해당 칸은 칠할 수 없으니 답은 A, B 둘 중 하나가 됩니다.

아직 이 둘 중 무엇이 정답인지 알 수 없습니다.
하지만 오른쪽 맨 끝에 있는 칸을 칠하지 않는다는 것은 확실합니다.
이럴 땐 오른쪽 칸에 X 표지를 해두고 문제를 풀어보세요.
이 부분이 다른 칸의 숫자에 힌트를 줄 수도 있습니다.

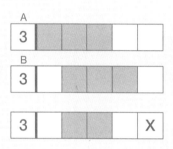

블랙 로직아트 푸는 방법!
한 번만 따라 하면 끝~!

아래 예제 퍼즐의 크기는 10x10이고, 난이도는 ★☆☆입니다.

			2				2			
★☆☆				7	3	8	8	3	7	
	6	8	2	1	1	1	1	2	8	6

		6											
		8											
3	2	3											
3	2	3											
3	2	3											
		10											
		10											
2	4	2											
	2	2											
		6											

1 항상 가장 큰 숫자부터 색칠을 시작하세요.

p행과 q행은 열 칸을 색칠해야 하는데, 주어진 칸 또한 열 칸입니다.

해당 행의 칸을 모두 색칠하여 완성합니다.

문제를 풀었다는 표시로 p행과 q행의 10에 / 표시를 합니다.

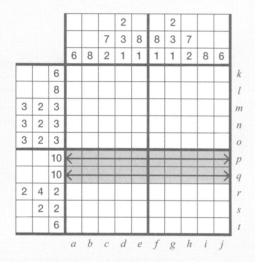 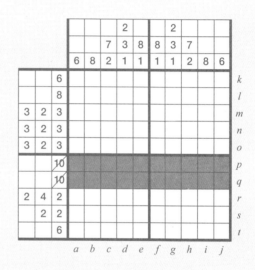

2 *b*열과 *i*열의 8은 여덟 칸을 색칠해야 한다는 뜻입니다.

열 개의 칸이 주어졌을 때 여덟 칸을 연속해서 칠할 수 있는 경우의 교집합 부분에 색칠을 합니다. (로직아트 푸는 방법 꿀팁 #2 참고)

*l*행에도 마찬가지로 교집합 부분에 색칠을 합니다.

아직 문제가 풀리지 않았으니 해당 숫자에 / 표시를 하거나 빈칸에 X 표시를 하지 않습니다.

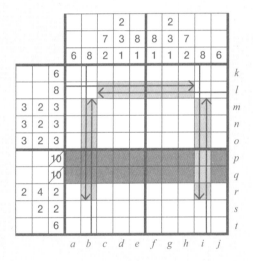

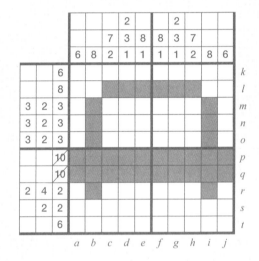

c열과 h열은 일곱 칸을 연속해서 칠하고, 한 칸을 띄운 후 두 칸을 더 칠하면
완성이 되는 한 가지 경우의 수만 존재합니다. (7+1+2=10)

각 열을 숫자만큼 색칠을 하고 해당 열의 7과 2에 / 표시를 합니다.
해당 열의 빈칸에는 색칠을 할 수 없다는 의미로 X 표시를 합니다.

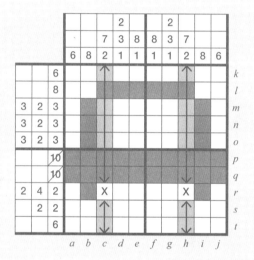
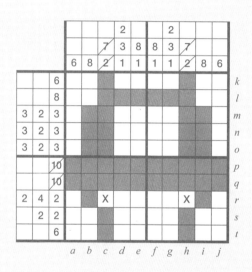

4 e열과 f열도 여덟 칸을 연속해서 칠하고 한 칸을 띄운 후, 한 칸을 더 칠하면 완성이 되는
한 가지 경우의 수만이 존재합니다. (8+1+1=10)

각 열을 숫자만큼 색칠하고 해당 열의 8과 1에 / 표시를 합니다.
e열과 f열에 있는 빈칸에는 X 표시를 합니다.

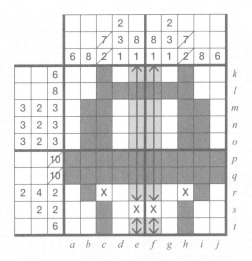
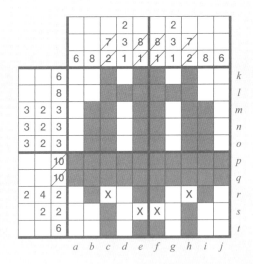

5 k와 t행은 각각 여섯 칸이 연속해서 칠해져야 하기 때문에
좌우의 양쪽 끝 부분은 색칠할 수 없습니다.

각 행과 d, g열이 교차하는 부분을 색칠하여 k, t행을 완성합니다.

각 행의 6에 / 표시를 하고 좌우의 모든 빈칸에는 X 표시를 합니다.

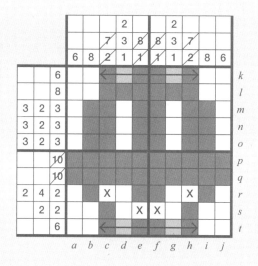
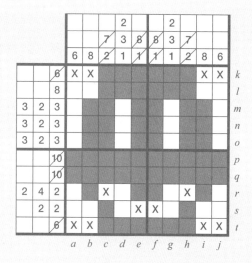

6 *m*, *n*, *o*행은 이미 색칠되어 있는 칸의 양쪽 바깥쪽을 한 칸씩 칠해주면 모두 완성됩니다. 가운데 비어 있는 칸을 칠하게 되면 연속으로 세 칸 이상 칠해지기 때문에 그 부분은 색칠할 수 없습니다.

m, *n*, *o*행의 각 3, 2, 3에 / 표시를 하고 빈칸에는 X 표시를 합니다.

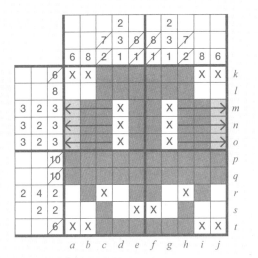
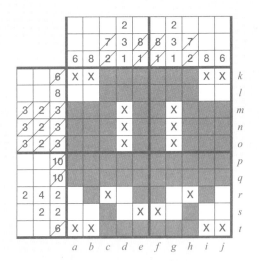

7 *r*행은 X 표시가 된 칸 이외에 남아 있는 빈칸을 모두 색칠해주면 완성됩니다.

해당 빈칸에 색칠을 하고, 2, 4, 2에 / 표시를 합니다.

*r*행의 완성으로 인해 *a*열과 *j*열도 완성이 되었습니다.

각 열의 6에 / 표시를 하고, 빈칸에는 X 표시를 합니다.

*d*열과 *g*열 또한 완성이 되었으니 해당 열의 숫자에 / 표시를 하고, 빈칸에는 X 표시를 합니다.

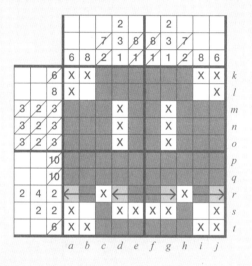
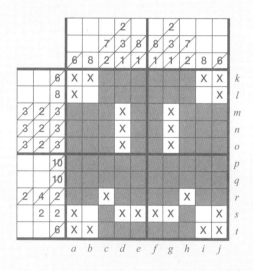

8 *b*열과 *i*열 역시 남은 빈칸을 채워 각 열을 완성합니다.

이로 인해 *l*, *s*행 또한 완성되었습니다. 각 숫자에 / 표시를 합니다.

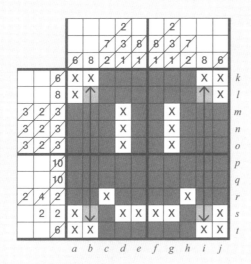

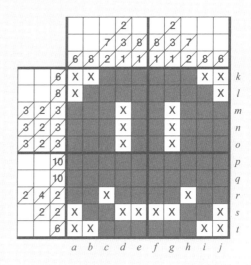

9 모든 숫자와 빈칸에 / 와 X 표시가 됐고 그림이 완성됐습니다!

스마일!

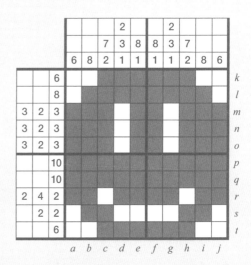

LOGIC ART

중급

#1

컵 안의 고양이

★★★☆☆

Column	Clues
1	1
2	10 2
3	2 1 5
4	3 1 1 2 1
5	4 1 1 3 1 1
6	1 2 3 1 1
7	1 2 1 4 1 1
8	1 1 1 2 2 1 1
9	1 1 1 1 1 2 1 1
10	1 1 1 2 3 1 1
11	1 2 1 4 1 1
12	1 1 2 3 1 1
13	4 3 3 1 1
14	3 1 2 1
15	3 5
16	2 5 2
17	1 2 1 1
18	1 2 1
19	1 2
20	5

Row	Clues
1	1 1
2	2 2
3	1 5 1
4	2 1
5	1 2 2 1
6	2 1 1 1
7	2 1 2 3
8	1 1 2 1
9	15
10	1 5
11	1 3 1
12	1 2 2 2 1 3 1
13	1 3 1 3 3 1
14	1 4 4 1 2
15	1 7 4
16	2 2 2
17	2 2
18	17
19	2 2
20	13

#2

숲속의 성

★★★☆☆

열	힌트
1	3 4 5
2	2 2 1 5 1
3	1 3 2 1 2
4	5 1 2 4
5	3 2 1 1
6	1 2 2
7	9 4
8	3 1 1 1 3
9	3 4 3
10	7 2 2
11	6 2 1
12	4 1 2
13	5 2 2 1 4
14	4 2 2
15	4 8
16	2 2 2
17	2 2 2 2 1
18	1 2 1 6
19	2 2 3 1 4
20	5 6

행	힌트
1	3 2 1
2	2 2 4 1
3	1 3 4 3
4	5 1 1 3 3
5	3 2 1 3 2 2
6	1 1 1 1 1 1 1
7	2 2 1 4
8	1 2 1 1 1 2
9	9 1 1 1 1
10	1 1 1 1 1 1 1 3
11	1 1 1 1 2 1
12	2 2 1 1 2 2
13	1 1 1 1
14	1 3 1 5 1 2
15	4 2 2 2 2 1
16	2 1 2 2 1 1
17	1 1 1 1 1 2 3
18	1 1 2 2 2 1 3
19	6 6 2
20	2 2 2

#3

그림 그리기

★★★★☆

Column clues (left to right, top to bottom):

Column	Clues
1	15 4
2	1 4
3	1 1 3 1 3
4	1 1 4 1 3
5	1 1 1 1 1 6
6	1 1 1 1 1 1
7	1 1 1 1
8	8 2 1 1
9	1 1 1 1
10	2 1 1 4
11	1 1 3
12	1 1 3
13	1 1 1 1 2
14	4 2 2 1 1
15	2 1 1 1 1 1 1
16	3 2 5 1
17	4 1 1 1 1
18	5 2 1 1 1
19	10 1 2
20	7 9

Row clues (top to bottom):

Row	Clues
1	8 6
2	1 1 8
3	1 1 1 5
4	1 1 1 1 4
5	1 1 1 1 1 1 3
6	1 1 1 1 2
7	1 1 1 1 1 3
8	1 2 1 1 3
9	1 2 2 1
10	1 1 3 2 3 2
11	1 1 1 5 1
12	1 2 1
13	6 8 1
14	2 1 1
15	11 1 1
16	4 1 1 1
17	1 9 8
18	1 1 1 2 1
19	1 1 1 1 2
20	1 1 1 1 5

#4
바람 부는 날
★★★☆☆

Column clues (read top to bottom per column):

| | 8 | 5 3 1 1 | 2 1 1 1 1 | 3 2 1 1 | 1 1 2 | 2 1 1 3 1 | 1 1 1 3 1 1 | 2 7 2 | 1 2 4 1 3 | 1 1 4 1 1 | 5 1 1 | 4 1 1 | 5 1 1 1 | 2 1 10 | 3 4 1 1 | 2 1 1 4 1 | 1 1 1 1 | 4 | 2 | 1 |

Row clues:

Row clues
2
4 2
4 3 3 1
2 5 3
3 1
2 1 2
4 2
1 3
5 2 2
2 5
3 9
9
3 5
3 3
1 1 3 3 1
1 1 1 3
2 1 3 1
1 2 1
2 5 6
4 2 1

#5

겨울

★★★★☆

Column clues (left to right, read top to bottom):

Column	Clue
1	1 1 3
2	1 1 1 3 1 2
3	1 4 2 1
4	3 1 1 1
5	1 2 1 2 2
6	3 3 4
7	4 1 2
8	3 4 1
9	2 4 3 4
10	7 5 3
11	7 1 2 1
12	6 1 1 1 5
13	6 1 2 1 1 1 1
14	6 1 1 1 4
15	5 1 1 1 1 1
16	4 1 1 1 1
17	4 1 2 1 3
18	3 6 1
19	3 3 4
20	3 4

Row clues (top to bottom):

Row	Clue
1	1 7
2	1 1 9
3	1 3 7
4	3 8
5	2 10
6	11
7	4 3
8	2 2 5 2
9	1 2 1 2 2 1
10	3 3 2 2 3
11	3 2 1 2
12	1 1 2 1 2
13	1 3 2 2 2
14	2 1 2 4
15	3 2 1 3 1
16	1 3 3 4
17	1 1 1 2 4 2
18	1 1 1 1 1 1 1
19	2 2 1 1 1 1 1
20	4 1 3 1 1

#6
메이크업

★★★☆☆

Column clues (left to right):

| 11 3 | 12 3 | 5 8 | 8 5 2 | 5 2 | | 7 | 2 | 2 | 6 4 | 2 6 2 | 10 2 | 5 1 4 | 3 2 2 1 | 3 2 6 1 | 2 2 1 2 | 3 2 6 2 | 3 2 3 2 | 3 2 2 4 | 4 2 | 2 2 |

Row clues (top to bottom):

- 4 3 3
- 4 9
- 4 11
- 4 4 2
- 4 1 9
- 2 1 1 6
- 2 2 3
- 2 2 5 1
- 3 1 4 2 2
- 3 1 1 3 2 2
- 5 1 3 1 3
- 3 2 2 1 1 2
- 2 1 1 2 1 3
- 2 1 3 1 1 1
- 3 1 2 1 1
- 3 1 1 1
- 2 1 1
- 1 2 2
- 2 2
- 1 3

#7

꽃과 과일

★★★★☆

Column clues (left to right, top to bottom):

1. 2 2
2. 3 3 1
3. 3 2 1 1 1
4. 1 3 1 2 2
5. 2 3 4
6. 2 4 4 1 2
7. 3 3 2 1 1
8. 1 2 1 2 1 1 1 1
9. 1 2 1 2 1 2 2
10. 4 4 2 3
11. 8 3
12. 3 2 1 1 5
13. 5 2 2 2
14. 2 8 2
15. 1 3 5 1
16. 3 1 2 5 1
17. 2 4 2 2
18. 1 2 2 5 2
19. 6 4 5
20. 5 2

Row clues (top to bottom):

1. 3 2 2 2
2. 3 3 1 2 1
3. 6 1 2 1
4. 1 2 4 1 2
5. 3 1 2 1 8
6. 5 2 5 1 2
7. 5 5 3 1
8. 1 5 2 3 1
9. 1 2 1 1 2 2
10. 1 4 7
11. 1 2 9
12. 1 2 2 3 3
13. 2 4 1 2 1 1
14. 1 2 1 2
15. 4 1 1
16. 1 2 3 1 1
17. 2 2 1 1
18. 1 1 1 1 2 2
19. 1 3 2 2 2
20. 4 4 4

#8
앵무새
★★★★☆

Column clues (left to right):

Col	Clue
1	3 6
2	2 3 2 2
3	2 3 1 2 2
4	1 1 1 2 4 1
5	2 2 2 1
6	5 2 2
7	2 2 1 2
8	1 2 3 1
9	6 3 1
10	6 1
11	1 3 2
12	3 2 2
13	4 10
14	2 2 2 2 4
15	1 1 3 2 5
16	2 4 4
17	4 1 1
18	2 4
19	3 2 2
20	6 2

Row clues (top to bottom):

Row	Clue
1	6
2	3 3 1
3	2 1 1 2
4	1 1 1 4
5	2 2 2 2
6	1 2 1 1 2
7	1 1 2 3 1
8	1 2 1 4 2
9	1 2 1 1 1 1
10	1 2 1 3 1
11	1 3 2 1 1
12	3 2 1 1 1
13	6 2 1 2 2
14	3 5 3 2
15	2 4 2 2
16	1 3 2 2 2 3
17	3 10
18	2 3 4
19	1 1 5
20	1 4

#9

돌고래

★★★★☆

Column clues (left to right, top to bottom):

Col	Clue
1	1 1 1
2	1 1 3 2
3	1 1 6 1
4	4 1
5	3 1 1 1
6	3 2 1 1
7	4 3 1 1
8	4 5 2
9	10 1
10	10 2 3
11	8 1 2 2
12	6 2 1 1 1
13	5 3 2 1
14	4 3 2 2
15	2 1 1 1 3 1
16	3 3 1 1 1 2
17	2 2 4 2 2
18	1 2 2 2
19	3 6
20	2 2

Row clues (top to bottom):

Row	Clue
1	5
2	2 10
3	7 2 2
4	9 2
5	8 2
6	8 2
7	3 3 2
8	1 3 2
9	3 4 1 1
10	3 3 1
11	3 2 2 1
12	4 2 2
13	3 3 1 3 3
14	6 2 3 3
15	3 3 1 3 1
16	6 2 2
17	3 2 2
18	3 1 1 2
19	2 2 3
20	3 4

#10
아기용품
★★★★☆

가로(행) 힌트 (위에서 아래로):

1. 4 1
2. 1 1 1 1
3. 1 1 1 1 1 1
4. 1 1 1 3 1 1
5. 1 4 3 7
6. 1 1 1 1 1 1 1
7. 1 2 1 9
8. 1 3 1 2 2
9. 1 2 1 1 1
10. 5 1 1 4
11. 1 1 1
12. 2 1 2 1 4
13. 1 2 1 1 2 1
14. 3 2 11
15. 5 1 1 1
16. 6 2 1 1 4
17. 3 1 2 1
18. 2 1 1 3 1 4
19. 2 5 2
20. 9

세로(열) 힌트 (왼쪽에서 오른쪽으로):

1. 5 2
2. 1 1 3 1
3. 4 1 5
4. 1 2 1 3
5. 4 1 1 4
6. 1 1 3 1
7. 1 2 1
8. 1 1 2
9. 1 4
10. 4 12
11. 1 2 1 5
12. 3 1 4 3
13. 2 1 5 2
14. 2 3 1 2
15. 1 1 1 1 1 1 1 1
16. 2 3 1
17. 2 1 1 1 1 1
18. 3 1 1 1
19. 2 1 1 1 3
20. 12

#11
썰매

Nonogram puzzle grid.

Column clues (top, read top-to-bottom):

3	3				3		1	1							4	2	5											
1	2	6	1 3 2 1 2	2 3 2 1	1 1 2 1	1 2 1 4 1	1 1 8 1	1 6 2 1	1 8 1	12 1	1 9 3	1 2 10 1	6 8 1	7 8 1	1 4 4 2	1 1 2 1 6	1 2 3 2	1 4 2	2 4 1	2 1 1 5 3	1 1 5 1 3	6 2 2 1	2 1 1 3 4	1 6 1 2	1 4 1	1 1 2	2	
2 2 2	2 2 2	3 2																										

Row clues (left, top-to-bottom):

- 5 1
- 1 5 1
- 2 3 5 4
- 4 1 3 4 1 3
- 1 1 2 5 2 4
- 1 2 5 2 1 5
- 4 2 3 2 1
- 8 4 1 4 3
- 8 5
- 9 4 3
- 1 10 5 4
- 2 11 5 2
- 11 2 1 5
- 1 3 10 3
- 3 1 12
- 5 1 9 1 1
- 5 2 5 2 2
- 4 1 4 2
- 4 8 5
- 9 8

#12

말

★★★☆☆

Column clues (top to bottom):

Column	Clues
1	1 2 2 5 1 2 1 2 1
2	1 1 3 7 4 3 2
3	6 5 1 2 5 1 1
4	7 4 1 1 1 3 3
5	8 3 3 3 2 1
6	8 2 1 5 1 4
7	3 5 2 2 1 1 2
8	2 3 4 1 2 3 2
9	2 2 3 1 1 1 2 1
10	2 3 1 2
11	2 3 1 3 1
12	2 2 1 2 2 1
13	3 2 2 2 1 3
14	3 2 4 1 3 2 1
15	3 8 1 3 2 3 1
16	9 2 1 2 1 3 3
17	7 3 1 2 5 1
18	6 4 1 1 2 3 1
19	1 1 4 4 2 2 2 1 2
20	1 1 3 3 2 1 2 2 1

Row clues (left to right):

Row	Clues
1	1
2	6
3	8 1
4	1 5 4 1
5	5 6
6	1 4 9
7	6 2 2 3
8	9 6
9	2 3 2 5
10	1 3 1 1 6
11	8 5 2
12	9 5 2 1
13	4 2 1 5
14	3 2 1 7
15	2 2 1 2 3
16	3 2 1 2
17	1 1 1 4
18	1 3 2 2
19	2 3 1 1 3 2
20	2 1 1 1 1 4 1
21	3 2 1 1 4 1 1
22	6 1 2 1 3
23	1 1 2 1 2 2
24	3 1 1 1 3 2
25	4 1 1 2 2 2 2
26	2 2 1 2 5
27	1 2 2 1 1 4
28	1 2 1 1 2 1 1
29	2 5 1 2 2 1
30	3 1 6 2 3

#13

소녀와 강아지

★★★★☆

Column clues (top to bottom)

Column	Clues
1	3 3 1 1 3 2
2	5 1 1 1 2 2
3	6 1 2 1 3 3
4	3 1 3 1 5 2
5	7 1 3 2 3
6	5 1 1 2 3
7	5 1 1 8
8	4 2 1 1 2
9	4 1 1 1 1 3
10	5 1 3 2 1
11	6 1 1 1 2 1 3 4
12	6 1 1 1 1 3 3
13	8 1 1 5 2 2
14	7 1 1 3 1 2
15	3 1 1 1 2 2 3
16	3 1 1 2 2 2
17	2 3 3 2 2 2
18	1 1 3 2 2
19	8 1 10
20	2 2 8

Row clues (left to right)

Row	Clues
1	5
2	2 7
3	3 9
4	3 10 1
5	7 5 1
6	5 1 4 1
7	3 3 2 1
8	1 1 1 1 5 1
9	2 1 2 5 1
10	1 1 1 1 3 1
11	2 4 3
12	1 7 1
13	2 3
14	2 4
15	1 2 1
16	2 1 1 2
17	1 2 4
18	8 5
19	2 4 4
20	3 2
21	1 3 2
22	3 4 4
23	13 6
24	10 2 2
25	1 1 1 1 4
26	1 1 1 1 2
27	2 1 1 1
28	1 3 3 1
29	7 7
30	4 2 2 4

#14
바이올린 연주

★★★★☆

Row clues (top to bottom):

- 6
- 8
- 3 1 4
- 3 1 2 1 1
- 2 1 2 1
- 2 1 1 2 2
- 1 1 1 2
- 4 5 1
- 2 1 4 1 3
- 1 4 1 3 3
- 3 1 5 2
- 1 1 3 1 2
- 3 1 1 1 4
- 4 1 1 1
- 2 1 1 3 2
- 4 1 1 4
- 1 3 1
- 8
- 1 1
- 1 1
- 1 1 1
- 1 1 1
- 1 1 1
- 1 1 1
- 1 1 1
- 1 1 1
- 1 1 1
- 4 3
- 4 4
- 5 5

Column clues (left to right, top to bottom):

- 2 1
- 2 2 1
- 5 1 1
- 8 4 1 15
- 8 4 1 3
- 4 2 1 3 3
- 2 2 1 2 3
- 2 1 4 1 2 3
- 2 1 4 1 2 7
- 2 1 4 1 2 1 3
- 2 1 4 1 1 3
- 5 2 1 18
- 1 1 1 2
- 1 3 2 1
- 1 3 1 1
- 1 3 1 1
- 5 2
- 2 1 1 1
- 4 1 2
- 1 1 1
- 1 2 3
- 5 2

#15

오토바이

★★★★☆

Column	Clues
1	1 1 1 1 2 3
2	5 2 1 2 2 3
3	5 2 2 2 5
4	2 6 2
5	2 1 7 2
6	4 2 1 4 2 1
7	7 1 2 1 2 1
8	3 1 2 1 1 2 1 1
9	2 2 3 1 5 1
10	2 1 2 2 1 2 1 5 2
11	5 3 8 1
12	1 2 2 2 1
13	1 2 1 1 2
14	8 1 1 2 3
15	3 2 1 2 2 1 1 5
16	11 3 2 6
17	9 2 1 2 3 3
18	6 2 5 2 3
19	2 2 1 2 2 1 2
20	6 2 2 2 1 2 2

Row	Clues
1	2
2	4 2
3	6 3
4	3 1 1 2
5	2 2 4
6	2 1 5 1
7	2 1 2 1 3 1
8	2 5 5 1
9	2 2 1 1 3 1
10	2 1 1 7
11	4 1 11
12	1 1 1
13	1 4
14	1 1 2 4
15	1 6 8
16	1 2 1 2
17	2 5 1
18	12 1
19	4 1 5
20	6 2 5
21	5 5 3
22	2 1 4 4
23	2 1 4 4
24	2 2 3 3 2
25	1 1 2 1 3 2
26	1 2 4 3 1 1
27	4 2 5 2
28	3 5 2 3
29	2 4
30	1 3

#16

드럼 연주자

★★★★☆

Column clues (left to right, top to bottom)

Column	Clues
1	4 14 3
2	1 14 1 1
3	1 1 14 1 1
4	4 18 1
5	4 12 1 1
6	4 11 1 1
7	1 4 10 5
8	1 2 7 1 2
9	1 3 6 1
10	1 2 2 2 2 1
11	2 4 1 1
12	2 2 1 1 1 2 2
13	3 1 1 3 2 1 2 1
14	5 1 1 2 4 1 1
15	7 2 1 4 1 1
16	13 2 2 2 1
17	2 7 1 2 2 1 2 1
18	1 10 2 2 3 2 1
19	1 6 2 2 2 1 3
20	7 2 2 1

Row clues (top to bottom)

Row	Clues
1	4 4
2	1 1 2 1
3	1 1 3 2 3
4	1 2 1 7
5	2 8
6	4 9
7	4 10
8	3 2 6
9	2 2 1 4 1
10	4 1 1 5
11	6 2 1 1 2
12	7 4 3
13	8 1 2
14	8 7
15	8 2 2
16	10 2
17	9 3 2
18	9 2 2 1
19	9 1 2
20	7 5 2
21	10 2 1
22	5 4 1
23	4 1 6
24	7 2 3
25	3 1 3 1
26	1 1 1 1 2
27	1 1 1 2
28	7 3 2
29	1 1
30	8

#17
양치

★★★☆☆

열 힌트 (위, 왼쪽부터 각 열):

열	힌트
1	3 3 3
2	2 2 4 1
3	2 1 1 1
4	2 1 4 1
5	1 1 1 1
6	1 1 4 1
7	1 1 1
8	1 1 4 1
9	2 1 1 1
10	1 5 1
11	2 2 3
12	4 1 2
13	1 5 2
14	2 3 1
15	3 2 1
16	2 2 1 2
17	2 5 2
18	2 5 2
19	3 4 2
20	8 2
21	8 2
22	7 2
23	7 3
24	6 1 2
25	2 2 3 2
26	2 1 3 2
27	2 5 2
28	2 1 2
29	2 1 2 2
30	3 2 2
31	5 2

행 힌트 (위에서부터):

행	힌트
1	10
2	13
3	9 1
4	3 6 2
5	3 10 1
6	1 10 1 1
7	2 8 4 1
8	3 5 4 2
9	5 2 5
10	3 5
11	8 2
12	4 1
13	1 2
14	10
15	1 1 1 1 1
16	1 1 1 1 1
17	11
18	1 13
19	13 15
20	8

#18
배구

★★★☆☆

Row clues (top to bottom):

- 3
- 1 3
- 1 1 3
- 2 1 2
- 3 3
- 5
- 3
- 2
- 3 3 1
- 4 2 2 2
- 5 3 1 1 2
- 5 5 1 4
- 6 5 1 4
- 1 11 1 3 1
- 6 8 2 3 1
- 1 1 1 1 4 4 4 1
- 2 1 1 1 3 2 4 2
- 1 1 1 1 2 7 1 1
- 2 1 1 2 6 1 2
- 1 1 1 2 7 1 1 1

Column clues (left to right):

- 2 7
- 3 1 1 1
- 3 2 1 1
- 2 1 1 1
- 3 2 1 1
- 3 1 1 1
- 3 1 1
- 3 1 1
- 4 2
- 4 2
- 3 6
- 1 3 4
- 1 1 3 4
- 2 1 2 4
- 3 3 5
- 5 7
- 3 6 1
- 1 3 1 1
- 2 3 1
- 1 1 4
- 4 3
- 3
- 4
- 5
- 5
- 8 1
- 5 1
- 6 1 1
- 4 1 1
- 7

이층버스

Row clues (top to bottom):
- 3 4
- 2 1 7 5
- 4
- 23
- 2 1
- 1 1 3 3 3 3 1 4 1
- 1 4 3 3 3 1 4 1
- 1 3 2 2 2 1 3 1
- 1 1
- 3 22 1
- 4 1
- 1 4 3 3 3 1 4 1
- 1 4 3 3 3 1 4 1
- 1 3 3 3 3 1 4 1
- 3 1 1 1 1 4 1
- 1 3 1
- 1 2 3 3 3 2 2 1
- 1 1 2 1 2 1 1
- 29
- 4 4

#20

마녀

★★★★☆

Column clues (left → right, each read top → bottom):

2 2 1 / 2 1 2 / 2 1 1 1 1 / 1 1 1 1 1 1 1 / 2 1 1 1 5 / 2 1 1 4 / 3 3 2 / 3 1 4 2 1 / 1 5 2 1 / 1 1 7 1 / 5 1 1 1 / 2 11 1 1 / 1 10 1 / 3 2 7 / 1 2 2 1 / 3 1 / 1 3 / 4 1 2 / 2 3 2 1 / 2 2 2 1 / 1 1 2 1 / 2 1 3 3 / 2 4 4 / 2 4 3 / 3 6 3 / 13 2 / 11 1 1 / 11 1 1 / 9 4 / 5

Row clues (top → bottom):

1	2 5
2	3 2 2 9
3	3 4 3 2 5
4	1 2 2 1 2 1 4
5	1 5 1 5
6	3 1 5
7	6 1 1 5
8	3 4 1 2 6
9	8 2 6
10	11 2 2 7
11	8 2 11
12	13 9
13	7 5
14	5
15	5 1 3
16	6 1 3 1 2 4
17	3 3 2 1 2 6 1
18	1 3 4 4 1 1
19	2 2 1 2 2
20	2 2 6 1

#21

천칭

★★★☆☆

Column clues (top, read top-to-bottom per column):

Col	Clue
1	3
2	3 2
3	2 2
4	4 2
5	13
6	1 3 2 1
7	1 3 2 1
8	1 6 1
9	2 2 2
10	2 1
11	3 1
12	3 5
13	3 12 2
14	3 15
15	3 5
16	2 2
17	1 2
18	2 3 2
19	2 2 1
20	5 2 1
21	1 2 2 1
22	13
23	3 2 1
24	4 2 2
25	3 2 6
26	3 2 1
27	2 1
28	11 2 1
29	1 2 2 1
30	1 2 2 1

Row clues (left):

- 3 1
- 2 2 1
- 2 6 1
- 11 1 1
- 2 2 1 1 1 3
- 2 6 1 1 1 1
- 2 3 2 1 1 2 1
- 6 2 1 1 1 1
- 3 2 1 1 1 1
- 3 2 1 1 1 3
- 1 1 1 2 1 1 1 3
- 1 1 1 2 9
- 1 1 2 2 7
- 1 1 1 2
- 2 1 1 2 8
- 1 1 2 4 7
- 9 4 1
- 7 1 2 1
- 10 6
- 4 10 1

#22
전화기

Row clues (top to bottom):

- 6
- 10
- 13
- 6 7
- 2 2 6
- 2 6 2 2
- 3 2 5 2 1 2
- 1 5 2 1 2
- 2 4 6 4
- 2 7 5 3
- 1 2 3 3
- 2 2 2 2 4 2
- 1 3 2 3 1 2
- 4 7 3 2 3
- 6 3 5 1 2
- 2 2 6 1 2
- 2 2 8 3
- 2 10 5
- 2 6 7
- 6 9

Column clues (left to right):

- 1
- 1 2
- 2 4
- 1 3 3
- 1 2 3
- 1 3 1 1
- 2 2 4 1 1
- 3 1 6 1 1
- 3 1 2 2 1 1
- 4 2 2 1 2 1 1
- 7 2 1 2 1 1
- 8 2 1 1
- 3 2 5 1 1
- 3 3 4 3
- 4 2 5
- 3 3 6
- 4 2 8
- 3 13
- 17
- 3 3 4
- 2 3 3 2
- 2 2 4 1
- 5 1
- 4 1 2
- 1 2
- 1 3
- 2 3
- 1 4
- 7
- 6

#23

비행기

★★★☆☆

1 1	2 2	2 2	2 2	4 3 2	2 6 3	1 2 5 2	1 2 1 2 1	3 3 4	9 5	3 1 5 6	2 1 10	1 4 5	1 4 4	1 4 2	1 5	7 1	8 2	9 2	5 5 3	12 2	13 2	7 2 3 1	6 2 3 1	5 6 1	4 3 3 1	3 8 2	2 4 3 1	6 2 2	4 5 1

2 6
3 7
3 7
5 7
6 5 7
4 2 1 3 7
1 2 2 7 2
2 6 6 4
14 4 5
2 22
2 12 5
3 1 11 1 2
3 4 13 1
1 6 11
7 6
7 1
3 6
5 3 8
4 5 3
3 4 2

#24

기차

★★★☆☆

Column clues (top to bottom, columns left to right):

Column	Clues
1	1 2 1 2 1
2	13 1
3	8 1
4	1 1 1 2
5	1 2
6	5 1 2
7	3 1 1 4 1
8	3 1 1 2 1 1
9	1 3 2 1 1
10	2 3 2 1 1
11	2 1 1 2 3
12	2 1 4 3
13	2 8 2
14	2 9 2
15	4 2 2
16	2 3 2
17	13
18	3 2 2
19	1 2 6
20	2 9 1 1
21	2 3 4 1 1
22	2 2 5 1
23	2 10
24	2 3 3
25	2 1 4 1
26	1 7 3
27	1 3 1
28	1 4 1
29	2 2 2 1 1
30	3 2 1 1 1 2

Row clues (left to right, rows top to bottom):

Row	Clues
1	1 8
2	1 6 1
3	2 3
4	1 5 2
5	1 17
6	3 1 16
7	5 2 1 2 2 2 1 3
8	2 1 2 1 1 1 1 1
9	2 1 2 1 1 1 1 2
10	4 1 2 1 1 2 3 2
11	2 9 1 2 7
12	3 1 2 2 2 9
13	4 9 10 1
14	1 8 3 1
15	9 1 3 1
16	8 3
17	2 4 1
18	2 10 1 3
19	5 4 1 1 1 1
20	1 7 1 2

#25

앰뷸런스

★★★☆☆

					2																		1	1					
				2	2	1		1	1						3		1		3				2	1	1				
			3	2	1	1	1	1	1	1	1	1	1		1	5	3	5	1			1	2	1	2	1			
2	2	3	1	2	2	1	2	2	3	5	1	4	1	1	3	5	1	4	2		1	3	2	2	2	3	2	3	
1	3	2	2	2	2	2	2	3	2	2	2	2	2	1	2	2	2	2	1	11	2	2	2	2	2	2	3	4	7
2	1	3	5	2	2	5	3	1	3	2	2	2	2	8	2	2	2	2	1	1	3	5	2	2	5	3	1	1	3

3
1 1
5
5
24
2 1 3
2 2 2 1 3 2
1 1 1 1 1 1 1 1 1 2 2 1
2 2 2 1 2 1 1 1 1 1
2 1 4 1 2 1 1 2 2 1
21 3 1
1 1 1 1
28
29
1 1 1 1 3
1 4 1 1 1 4 2
1 6 10 6 1
3 17 4
6 6
4 4

#26

테니스

★★★★☆

열	단서
1	1 1 1 1 1 1 1 1
2	13 3
3	1 1 1 1 1 1 2 1
4	9 6
5	1 1 1 1 6
6	2 1 6
7	7
8	10 2
9	3 2 2 3
10	2 3 1 1 2 1 1 1
11	3 1 1 1 1 3 3 1 3
12	2 1 1 1 1 2 1 3 1
13	2 1 1 1 1 1 2 4 3
14	1 3 1 1 2 1 1 1
15	2 1 3 1 2 5
16	1 1 1 1 1 1 1 1 1
17	1 1 1 3 2 6
18	2 5 2 1 1 1
19	2 3 7
20	7 1 1 1 1

행	단서
1	6
2	3 1 2
3	3 1 1 2
4	3 3 2 1
5	1 1 1 1 1 1
6	2 1 1 1 2 1
7	1 1 1 1 3 1 1
8	1 1 1 2 1 1 2 1
9	6 1 1 1 1 2 2
10	1 1 1 1 1 1 1 1 1
11	5 1 1 1 1 1 2
12	1 1 1 1 2 2
13	6 2 3 1
14	1 1 8 1
15	5 2 3 4
16	1 1 1 2 1 1 1
17	3 1 2 8
18	1 4 1 1 1 1
19	3 3 10
20	1 3 2 1 1 1 1
21	3 1
22	3
23	3
24	3
25	4
26	1 1 3
27	3 1 2
28	1 3
29	1 1 1
30	3

#27
커피와 케이크
★★★★☆

Row clues (top to bottom):

- 8
- 3 3 3
- 2 6 3 2
- 1 10 1 1
- 14 1
- 1 2 6 1 1
- 1 8 1 1
- 1 1 1
- 2 1 1 2 1
- 1 2 2 1 3
- 1 1 3
- 1 2 2 1
- 1 1 1 1
- 1 1
- 6 8
- 2 2
- 6 2
- 5
- 1 2 1
- 8 3
- 3 4 1
- 3 2
- 11 7
- 8 5 1
- 3 2 1 1
- 2 1 1 1 1
- 19
- 2 1
- 18
- 18

#28
미끄럼틀
★★★★☆

Row clues (left, top to bottom):

- 1 1 1 1 1 3 1
- 4 1 1 1 1
- 1 1 10
- 3 4 8
- 1 2 11
- 2 5 2 1 1
- 9 5
- 1 3 2 1 1 1
- 5 1 2 5
- 7 5 1 1
- 8 2 5
- 6 1 2 1 1
- 2 2 1 2 5
- 1 2 1 1 2 1 1
- 6 2 5
- 7 2 1 1
- 3 2 5
- 1 7 1 1
- 1 4 1
- 4 3 1
- 2 5 1 2
- 3 5 1 2
- 3 5 2 2
- 1 1 5 2 4
- 1 2 6 1 2
- 1 2 4 1 2
- 1 2 1 1 1
- 1 8 1 2
- 1 2 1
- 1

Column clues (top, left to right):

- 1, 10
- 1 1 1 5 3 7
- 1 1 1 5 4 5
- 5 1 4 3 4
- 2 5 2 2 4
- 1 1 2 8 2 3 1
- 4 2 3 6 1
- 2 11 2 6 2
- 1 3 1 7 1
- 1 2 1 1 1 6 1
- 14 1 3 1
- 1 12 4 2 3
- 3 1 2 1
- 5 1 1 3 1
- 1 3 2
- 18 1 1
- 3 1 1 1 1 1 1 1 2 1 3
- 3 1 1 1 1 1 6
- 3 1 1 1 1 1 6
- 18 2

#29

집

★★★★☆

Column clues (left to right, top to bottom):

Column	Clues
1	4 4
2	2 2 2 2 1
3	1 2 4 1 2 1
4	1 1 2 3 2 1
5	1 5 3 2 1 1
6	1 2 1 2 2 2 2
7	2 2 1 1 2 5
8	4 1 2 1 2
9	1 1 2 1 1 3
10	3 1 2 2 2
11	1 2 3 1
12	2 2 1
13	2 2 3
14	10 2 1
15	4 1 2 2
16	5 3 1 1 1
17	7 1 1 1 2 1
18	1 5 3 1
19	7 1 3
20	5 4 2 2
21	5 2 1 1
22	5 3 1 2
23	5 1 2
24	4 2
25	2 8 4 1
26	1 1 2 1 2 4
27	1 1 1 1 2 1 1
28	1 1 4 1 2 2
29	2 1 1 2 1 2
30	2 4 5 1

Row clues (top to bottom):

Row	Clues
1	1 3 5
2	3 1 1 1 1 1 2
3	2 2 3 8 1 1
4	1 2 1 2 10 3
5	2 2 2 12
6	3 2 14
7	3 14
8	2 2 1 1 1 1
9	2 1 2 1 1 3 6
10	3 2 2 1 1 1 1 1 1 1 1
11	1 1 1 3 1 1 3 3 1 1 1
12	3 2 2 1 1 1 1
13	3 5 2 2 1 1 4
14	1 1 4 2 2 2
15	5 3 2 3 2 1
16	2 3 2 4 3 2 2 1
17	1 2 1 3 2 2 2
18	1 3 1 2 2 1 2 3 1
19	2 5 3 2 2 1 2
20	7 3 2 3 2

#30
화가

Column clues (left to right):

4 1 3 / 4 2 2 / 2 1 1 2 / 1 1 1 1 1 2 / 1 3 2 1 / 3 1 / 3 2 3 / 2 2 2 / 1 2 2 / 1 2 3 7 / 3 3 4 / 2 2 4 / 2 1 1 2 / 1 3 2 3 / 3 2 1 9 / 3 1 3 / 1 1 / 1 1 2 / 1 1 1 4 / 4 2 3 / 3 1 3 2 / 1 1 2 2 3 / 1 5 2 1 / 1 2 1 1 4 2 / 2 1 1 2 2 / 2 2 1 1 5 2 / 1 2 1 1 2 5 1 2 / 2 1 1 2 3 2 / 1 1 2 1 4 2 / 1 4 2 2 3 1 / 1 2 3 / 13

Row clues (top to bottom):

#	Clues
1	2 1 3 1 1
2	3 5 1 11
3	3 1 2 2 1 1
4	2 1 1 2 2 1 2 2 1
5	3 1 1 3 1 1 1
6	1 1 1 2 1 4 2 1 1
7	1 2 1 3 2 1 2 1
8	4 2 1 2 4 1
9	4 2 9 1 1 1
10	2 1 1 1 3 1 1
11	1 4 2 2 2 2 1
12	2 2 1 7 1
13	5 1 1 11
14	1 1 2 1 5 5
15	1 3 1 2 2 2
16	3 1 1 1 1 2 1 2
17	6 3 1 3 1
18	7 1 1 2 4
19	2 3 1 1 1 1 1
20	2 2 1 2 2

#31 해변의 여인

★★★★☆

Column clues (read top to bottom for each column):

```
                    2           2       1           2       5 1 1 2       1 3 3       2 1 1
                  2 2 2 2     7 3 3 2 7 4 2 2     5 3 2 3 3   1 2 3 3 3   2 3 4 4 1
                  2 2 2 4 7 3 2 2 4 2 2 4 2 3 3 5 3 2 2 1 2 4 2 1 1 1 1 3 3 2 2 4 1
                  1 1 4 2 5 2 2 3 2 7 3 3 2 1 6 3 1 3 1 3 1 7 1 1 1 1 1 1 1 2 3 2 2 1
                6 3 1 2 2 3 2 4 2 2 1 3 3 1 1 1 1 2 1 2 2 2 2 2 2 1 1 2 2 2 2 1 2 2 2
                5 1 1 4 1 2 4 3 1 1 7 1 5 1 6 6 4 1 3 6 6 1 1 1 1 2 2 2 2 4 14 3 1 1 1
                1 1 2 1 1 1 1 1 1 1 2 2 5 13         3 3 1       1 2 2 2 1 4 2 2 2 2 1
                1 1 2 2 1 1   1 1 7 7 1 5 5 6   4 3 1 3 3 1 1 2 2 1 1 2 4   2 2 1 1 1
```

Row clues:

						Clue
						17
		4	5	3		5
			7	4		10
			4	4		8
				4		9
			2	1		6
		2	2	4		5
	1	5	1	8		1
1	4	2	5	3		2
	4	1	2	6		2
	2	2	5	1		3
	1	3	1	2	2	1
	1	3	2	1	2	1
	2	3	2	2	3	2
1	1	2	1	3	1	1 1
1	2	1	1	1	2	1 1
2	2	1	2	1	2	1 2
		5	3	2	1	7
	1	1	2	2	3	1 2
		6	2	2	3	7
	4	1	1	2	3	5
2	1	2	2	4	2	2
	5	2	2	2	4	8
3	1	4	1	2	1	3
1	2	1	2	2	7	2
		3	2	4	2	2
		3	9	3	1	2
		2	9	1	1	4
		2	2	8	2	2
		6	8	1		2

#32

가로등

★★★★☆

Column clues (left to right):

Column	Clues
1	2
2	7
3	3 4
4	1 3 5
5	4 1
6	1 9 2
7	5 1 4 2
8	6 2 7
9	1 4 1 2 1 4
10	5 1 1 2 2 6 3
11	1 2 1 1 2 1 8 1
12	3 1 2 2 7
13	1 3 2 1
14	5 5
15	1 2 5
16	8
17	1 2 2
18	2 2
19	2 2
20	1 2 2
21	3 4 3
22	1 3 3 1 1
23	3 2 3 2 1
24	1 2 4 1
25	2 1 10 4
26	1 4 3 1 2
27	1 1 2 2 1 1 1
28	2 2 2 3 2 1
29	1 2 1 1 3 2
30	19

Row clues (top to bottom):

Row	Clues
1	1
2	3
3	1
4	4 3
5	8 2 1
6	3 1 5
7	8 1 2
8	5 3 2 1
9	10 2 1
10	4 4 6
11	15 1
12	4 1 7 15
13	2 1 15
14	1 1 1 1 5 1
15	1 1 1 1 1 2 2 1
16	1 1 1 1 2 2 1 1
17	2 1 1 5 2 3
18	1 1 1 1 2 2 1 1
19	1 1 3 1 3 3 1
20	2 1 3 2 1 1 1 4
21	1 1 3 1 1 1 1 1
22	1 1 3 1 3 3
23	1 1 3 1 2
24	11 2
25	3 1 2 1
26	2 1 1 1 1
27	2 1 2 1
28	2 1 1
29	2 2 2
30	5

#33

발레리나

★★★★☆

Column clues (left to right):

Column	Clue
1	4 2 1
2	3 2 1 2
3	2 3 5
4	3 2 5
5	2 2 1 1 3
6	5 5 1
7	2 3 4 2 2
8	3 7 3 5
9	6 6 1 3 3 1
10	4 3 3 2 4 2
11	1 1 1 2 6 4
12	6 4 4 1 1
13	3 2 2 1 5
14	3 1 1 2 4 4 1
15	3 3 11 1 2
16	2 10 2 5
17	20
18	2 4 3 2 2
19	1 3 6 1
20	1 3 9
21	1 3 10
22	4 8 1
23	4 3 6
24	1 2 3 7
25	4 2 5 3
26	4 2 4 4
27	2 2 2 8
28	4 7
29	3 7
30	1 7

Row clues (top to bottom):

Row	Clue
1	1 3 1
2	1 2 3 4
3	2 8 3
4	2 3 4 1 1
5	2 2 2 1 4
6	1 2 2 1 1 1 4
7	2 1 2 1 1 2
8	4 2 1 4
9	1 3 2 2 4
10	2 2 1 1 1 2
11	3 2 1 1 3 2 1
12	8 5 2 1
13	6 3 3 2
14	5 7 2
15	2 9 3
16	3 8 3
17	2 3 5 4
18	1 2 1 3 4
19	2 5 2 2
20	1 6 2 2
21	2 5 5 3
22	1 3 11
23	3 8 3
24	4 1 3 4 4
25	2 6 9 1
26	4 6 13
27	3 4 1 5 6 2
28	5 2 1 2 7
29	4 1 1 6 4
30	2 2 1 1 3 5

#34
타워 브리지

★★★☆☆

Column clues (left to right, top to bottom):

1. 2 1 1 6
2. 10 9 6
3. 8 10 6
4. 3 2 1 2 2 4 1 1 1
5. 22 1 1 1
6. 3 1 1 1 1 1 2 1 1
7. 5 1 1 1 1 2 1 1 1
8. 4 1 1 1 1 1 1 2 1 1 1
9. 1 1 1 1 1 2 1 1 1
10. 25 1
11. 1 2 3 4
12. 1 2 3 1 1
13. 1 2 3 2 1
14. 1 2 2 2 1
15. 1 2 1 2 1
16. 1 2 4 1
17. 1 1 2 1
18. 1 1 2 3 1
19. 1 1 2 5 1
20. 1 2 1 4 1
21. 8 8 7
22. 7 9 6
23. 3 2 2 2 2 4 5
24. 28
25. 3 1 1 1 1 1 1
26. 4 1 1 1 1 1 1 1
27. 3 1 1 1 1 1 1 2 1 1 1
28. 1 1 1 1 2 2 1 1
29. 20 1 1
30. 2 7

Row clues (top to bottom):

1. 2
2. 4 1 1
3. 1 6 3
4. 1 2 2 1 1 1 5
5. 4 2 1 1 1 2 4
6. 4 1 4 2 1
7. 2 1 1 1 2 1 1
8. 4 1 4 1 1
9. 9 4 1
10. 2 1 1 2 6
11. 4 1 10 4 1
12. 3 1 1 5 1 1
13. 1 14 1 2
14. 3 21
15. 4 1 6 1
16. 3 6 2 1 1 1
17. 4 1 4 1
18. 9 9
19. 2 1 1 2 1 1
20. 9 9
21. 4 4 4 6 3
22. 4 1 3 1 2 3 1
23. 5 4 1 3 2 1
24. 1 3 2 4 1 3
25. 11 2 4 5 1
26. 3 1 2 5 1
27. 9 3 4 5
28. 3 1 4 1
29. 3 14 1
30. 11 10

#35
파인애플

★★★☆☆

Row clues (top to bottom):
- 9 9
- 8 2 4
- 3 2 1 3 3
- 3 4 3 2
- 4 2 3 3 2 1
- 3 5 2 5 3
- 2 5 4 3
- 2 3 7 4
- 12 1 3 4
- 10 7
- 6 5 1
- 14 1
- 4 1 5 6
- 4 10 7
- 13 5 3 1
- 7 1 2 1 4 3
- 4 2 3 2 1 4 1
- 4 17 2
- 3 9 3 5 1
- 9 8 2 3 1
- 6 1 3 2 2 1 3 1
- 1 3 6 2 3 1 4
- 13 5 3
- 2 2 3 6 2 2
- 2 1 3 1 3 3 1
- 2 5 2 3 3
- 3 3 5 4
- 4 7 3
- 1 7 5
- 1 5 7

Column clues (left to right):
- 3 3
- 1 4 7
- 1 8 2
- 2 8 1 1
- 3 4 7 1
- 2 1 4 2 2 2 1
- 1 1 2 3 2 1 5
- 1 2 2 18
- 2 1 3 9 4 2
- 2 1 2 2 2 4 3
- 3 2 2 2 1 3 3 4
- 4 1 2 1 1 14
- 7 4 11 4
- 2 4 6 3 5 1
- 3 3 3 7 5 2
- 4 12 3 3 2
- 5 6 4 1 4
- 3 7 5 2 5
- 2 3 4 6 5
- 1 4 8 7
- 2 4 2 7 3
- 1 5 2 10
- 6 2 1 5
- 4 1 3 2 3
- 2 1 3 4 3
- 2 1 3 3 2
- 1 1 4 2
- 1 2 3 1 2 1 2
- 1 1 2 1 2 1 3 3
- 1 2 1 2 8

#36

화산폭발

★★★★☆

Column	Clues
1	2 2 2 4
2	4 3 2 4
3	4 1 2 1 2 4
4	6 2 2 2 4
5	5 2 1 2 7
6	6 1 4 3 4
7	5 4 3 3
8	4 11 3
9	3 12 4
10	1 3 10 5
11	2 9 8
12	1 4 11
13	1 7 9
14	3 4 5 6
15	5 4 4 3
16	2 4 3 2
17	1 2 3 3 1
18	2 3 3 2 1
19	2 4 3 2
20	2 3 4 1
21	1 3 3 1
22	1 4 4 1
23	4 6 3
24	5 1 7 2
25	6 4 2 2
26	3 3 3 1
27	1 5 2 1
28	7 2 1
29	2 6
30	2 4

Row	Clues
1	6 2 2
2	7 3 6 2
3	8 2 3 3
4	9 2 2
5	8 3 2 4
6	1 3 2 11 1
7	1 2 8
8	1 2 1 2 3
9	3 2
10	3 3
11	5 1 1
12	1 6 1
13	3 6 1
14	2 2 3 2 1
15	2 4 2 1
16	4 4 2 2
17	7 1 1 1
18	4 1 2 3
19	1 2 2 1 5
20	2 2 1 1 2 7
21	2 1 1 1 2 3 2 1
22	2 2 2 2 2 4 1
23	2 2 3 1 5 2
24	2 3 3 2 5 2
25	1 3 4 1 6 2
26	3 5 2 8
27	6 6 2 5
28	15 2 1 2
29	3 12 5
30	2 14 6

Row clues (top to bottom):

- 11
- 2 2
- 2 5 2
- 1 8 2
- 2 4 5 1
- 1 3 4 1
- 1 1 1 2 3 1
- 2 2 1 5 9
- 6 2 1 3 1 4
- 2 1 2 1 1 4
- 1 1 2 5 3 2
- 1 1 1 1
- 6 1 1 1 4
- 2 1 1 3 7
- 2 1 2 9
- 1 1 1 18
- 2 1 1 19
- 6 9 8
- 1 3 2 7
- 2 3 2 7
- 4 2 1 8
- 2 3 3 2 6
- 1 3 2 2 1 3
- 1 2 1 2 6 2 1
- 4 1 3 4 1
- 6 1 1 2 5 4 1
- 7 2 1 8
- 1 5 1 4 5
- 2 3 1 2 5
- 5 1 4 6

#38

광대

★★★★☆

Column clues (left to right, top to bottom):

Column	Clue
1	4 4 1 2 1
2	1 2 2 2 3 3 4
3	4 1 6 12
4	7 4 1 3 8
5	4 2 1 1 1
6	2 2 4 2
7	4 2 2 2
8	1 2 4 2
9	4 4 1 2 2
10	6 1 2 4 1
11	4 2 1 6
12	2 1 6
13	2 4 7
14	6 1 1 6
15	1 2 2 1 6
16	1 1 2 1 5
17	1 4 2 7 1
18	1 2 1 1 7 6 2
19	1 2 1 3 11 2
20	1 2 1 1 15
21	1 3 4 11 2
22	5 1 9 7
23	1 1 2
24	2 1 4
25	1 1 1 1
26	1 1 3 8
27	3 12
28	1 1 3 3 4
29	1 1 1 1 1
30	3 2

Row clues (top to bottom):

Row	Clue
1	3 3 5
2	1 3 1 3 1 1
3	1 3 1 3 1 3 1
4	1 3 1 3 1 6
5	2 2 2 2 4 2
6	3 3 2 1 1 2
7	2 1 2 1 1
8	2 1 2 1 1
9	2 2 1 1 1
10	4 2 1 1 4
11	1 2 1 1 5 2
12	1 2 5 2 2
13	4 2 1 2 2 1 3 3
14	2 2 1 3 1 1 3 1
15	3 2 2 1 1 1
16	6 1 1 2
17	3 6 3
18	3 1 8 1 3
19	3 1 10 1 3
20	1 1 12 1 1
21	6 8 4 6
22	3 8 4 3 1
23	3 7 4 3 1
24	1 2 3 5 5 2 1
25	4 4 3 5 3
26	3 2 6 3
27	3 6 3
28	5 1 1 5
29	5
30	6

#39

반신욕

★★★★☆

Row clues (top to bottom):

	Clue
1	3
2	7 13
3	8 3 1 2
4	3 1 1 3 2
5	3 1 2 1 1 1 1
6	2 1 2 2
7	3 1 1 1 1 1 1
8	2 3 1 2 3 1
9	1 1 1 1 1
10	1 3 10
11	5 5
12	3 4
13	2 3
14	3 2 3 2
15	2 4 5 1
16	1 3 2 6 4
17	1 1 13 4 2
18	1 21 2
19	3 6 8 3 1
20	4 16 2
21	2 3 2
22	2 1 21
23	1 1 19 1
24	2 1 1 1 1 1 1 1 1 1 1 1 1
25	2 1 1 1 1 1 1 1 1 1 1 1 1
26	2 1 1 1 1 1 1 1 1 1 1 1 1
27	2 1 1 1 1 1 1 1 1 1 1 1 1
28	2 1 1 1 1 1 1 1 1 1 2
29	3 3
30	16

Column clues (left to right):

4; 2 6; 1 4 2; 2 4 2; 2 1 1 5 2; 1 4 1 2; 2 5 6 2; 4 1 2 3 2 1; 4 6 1 7 6 2; 4 2 1 5 2; 2 3 4 7 1; 2 1 2 4 2 1; 2 1 1 2 1 7 1; 3 1 1 1 4 2; 5 2 4 7 1; 3 4 1 5 2 1; 1 7 7 1; 2 1 7 2 1; 2 2 3 3 7 1; 9 1 6 2 1; 1 1 1 1 1 6 7 1; 1 1 1 2 2 1 2 1; 1 1 1 5 7 1; 4 1 2 1 3 2 2; 1 1 1 1 3 1 6 1; 1 4 2 2; 1 1 2 9; 1 1 1 3; 9; 2

#40

닷

★★★★★

Row clues (top to bottom):

- 2 4
- 1 6
- 2 2 1 3
- 5 2 1 2
- 4 2 2 2 2
- 2 3 3 3 1
- 2 1 4 2 1 2
- 2 4 2 8
- 2 5 2 8
- 1 6 2 2 4
- 2 3 2 3 3
- 1 3 2 3 3
- 2 3 3 3
- 1 3 3 4
- 2 2 2 4 2
- 1 3 2 4 4
- 3 2 4 4 2
- 2 2 4 4 4
- 1 2 1 4 2 4
- 1 2 2 4 4 3
- 2 4 4 3 2
- 3 3 4 7
- 3 1 3 8
- 4 3 2 3 3
- 10 7 2
- 4 5 4 3
- 2 7 3
- 3 2 1 5
- 3 2 5
- 10

Column clues (left to right):

- 2 4
- 3 4
- 3 4 4
- 1 7 4
- 1 1 5 3 4
- 2 1 3 3 3
- 1 2 3 2 1
- 1 2 3 2 1
- 1 1 3 2 1
- 1 3 2 4 2
- 1 3 1 6 1
- 2 6 2 4 3 2
- 1 7 2 4 3 1
- 7 3 4 3 1
- 5 3 4 5
- 2 3 4 1 2
- 3 4 3 1
- 2 4 2 2
- 2 3 1 3
- 2 3 2 3
- 2 3 1 3
- 2 3 2 3
- 5 3 2 5
- 6 4 3 1 3
- 1 1 2 2 1 5
- 4 3 2 6
- 2 2 3 1 5
- 2 2 1 3 3
- 3 2 3 1 3 3
- 5 4 11
- 3 4 11

#41

기사

★★★☆☆

Column clues (left to right, top to bottom):

Column	Clues
1	2 3
2	2 3 1 2
3	3 3 6 1 1
4	2 2 3 3 2 4 2 1
5	2 1 3 2 4 3 3
6	2 4 6 2 2
7	1 5 2 7
8	1 2 1 4 3 3 2
9	4 5 4 4 3
10	9 5 9
11	8 3 2 5
12	6 3 1 4 1
13	2 2 1 2 1 2 1
14	4 2 1 3 2 3
15	3 5 4 2 1 2
16	7 1 3 3 2 3
17	2 3 1 4 3 3 4
18	3 2 1 5 1 1 7
19	4 5 1 1 3 2 3
20	1 2 1 1 1 4 2
21	1 1 2 12 3
22	1 1 1 17
23	2 1 2 9 4 1
24	1 1 2 9 1
25	2 3 3 4 4 2
26	6 4 7 2
27	4 5 9 1
28	14 3 1
29	9 3 1 2
30	7 2 1

Row clues (top to bottom):

Row	Clues
1	5 4 4
2	1 4 6 1 3
3	3 1 3 2 1 1 2
4	3 2 4 2 2 2
5	2 5 1 2 2 3
6	7 5 5
7	4 4 2 2 3
8	6 6 1
9	5 4 2 3
10	1 5 2 3 3
11	1 7 2 2 5
12	1 5 1 2 7
13	2 3 1 5 10
14	2 9 5 4
15	7 5 5 3
16	7 3 1 5 3
17	6 2 4 5 3
18	5 2 4 1 5 4
19	6 7 4 4
20	2 2 2 5 3
21	3 8 8 4
22	2 3 3 7 5
23	3 2 2 2 3 5
24	3 3 2 3 3 2
25	2 2 2 2 3 1
26	2 3 2 2
27	3 2 2 2 2
28	1 2 3 2 2
29	2 2 3 3 3 3 1
30	6 2 2 2 2 4 3

#42
치타 가족
★★★★☆

Row clues (top to bottom):

- 1 1 1 3 3
- 1 1 1 1 1 1 5 1
- 1 1 1 1 1 1 4 1 3
- 2 2 2 2 2 2 1 2
- 1 1 2 2 2 1 1 2 2 1
- 1 12 2 1 1 1
- 2 1 9 2 3 1
- 1 4 4 1 3 1 1 2
- 1 1 2 1 1 1 1 2 1 2
- 1 1 2 4 3 4
- 1 5 1 1 3 5 2
- 1 1 3 2 1 2 1 3
- 1 1 3 3 3 2 1 1 1
- 1 4 2 1 6 3
- 4 1 3 1 4 1 2
- 5 5 2 1 2
- 2 4 1 1 2 1 1 1
- 2 1 1 2 2 2 3
- 3 2 2 1 4
- 2 1 1 1 2 1 1 5 1
- 2 3 1 6 1
- 2 3 2 2 1 6 1
- 2 1 1 2 1 1 1 4 1
- 1 2 3 1 1 3 1 2 1 2
- 1 6 1 3 1 4 1
- 1 4 1 4 1 4 1
- 2 1 2 1 4 1 2 1 2
- 1 5 2 2 1 1 3 1
- 2 2 1 1 2 2 1 4 1
- 5 1 1 3 3 1 1 1 2 1 1

Column clues (left to right):

- 3 11 1 1 2
- 2 5 9 1 1 2
- 1 2 5 1 1 2 1
- 4 4 1 1
- 2 1 3 4 2 1 3 2 1
- 1 2 7 1 1 2 1
- 10 1 1 2 1
- 3 2 1 2 1 1 6
- 1 3 1 3 8
- 5 1 2 6 1
- 3 3 1 5 2 1 2
- 1 4 2 1 1 1 1
- 5 1 1 2 1 3
- 2 1 1 2 2 1
- 1 1 1 6 2 1
- 10 2
- 2 4 2 6
- 2 1 2 1 5
- 6 2 6 8 2 4
- 4 5 1 2 4
- 1 1 5 2 1 7
- 3 3 2 1 2 3 8
- 3 1 2 2 5 2 3
- 1 2 5 1 13
- 8 6 4 2
- 5 2 2
- 3 2 4

#43
드라이브

★★★★☆

Row clues (top to bottom):

- 22 4
- 5 6 8 1 1
- 3 2 5 1 5 1
- 2 3 1 1 1 1 1
- 2 6 4 2 2 1
- 1 6 2 1 1 1 1
- 1 2 1 3 2 2 2 1
- 4 7 1
- 5 7 4
- 5 21
- 5 3 1
- 5 2
- 2 5 5 1
- 1 2 3 1
- 2 2 2 2
- 1 2 1 1 1
- 1 4 1 2 1 1
- 4 2 2 2 1 1 1
- 1 1 2 1 2 1 1 1
- 3 3 1 1 2 1 1
- 1 2 3 3 1 1
- 5 1 4 12
- 4 2 2 2 1
- 2 3 2 1
- 1 2 16
- 2 2 4 3
- 3 2 4 3
- 4 6 2
- 5 6
- 6 4

#44

기도

★★★★☆

Column clues (top to bottom):

Column	Clues
1	9 4
2	6 7 2
3	4 6 5 1 4
4	2 6 6 9
5	4 4 6 1 6
6	2 3 3 8 1 3
7	3 3 3 8 1
8	3 3 3 4 2
9	1 3 2 3 4 2
10	2 2 3 3 2 2
11	2 3 4 6
12	3 2 2 2 3
13	1 2 3 4 3
14	2 2 2 3 3 2
15	2 4 3 3 3
16	3 4 5 2 2
17	1 3 1 3 7 3
18	5 4 2 4 2 4
19	6 3 1 4
20	4 13 4
21	6 2 4
22	3 2 1 3
23	3 1 4
24	2 2
25	1 2

Row clues (left to right):

Row	Clues
1	4 3
2	8 4 2 5
3	1 1 2 2 11
4	4 2 2 8
5	3 1 1 1 5
6	1 1 2 2 2 4
7	1 2 2 2 2 3
8	1 2 2 1 2 2
9	6 2 2 2 1
10	3 3 2 2 2 1
11	1 2 2 1 1 2 2
12	1 2 2 2 2 2 1
13	1 3 1 1 2 1 2
14	1 3 2 1 1 2 1
15	1 3 1 2 1 1 1
16	1 3 2 1 1
17	2 2 1 1 1
18	1 2 1 1 1 1 1
19	1 1 2 1 1 1
20	1 2 2 3 1
21	1 2 2 3 1
22	1 3 3 1 1
23	2 1 4 1
24	1 2 4 1
25	1 3 1 1 2
26	1 3 2 3
27	2 3 2 3
28	1 2 5
29	1 3 4
30	4 1 4
31	2 2 3 4
32	1 3 4 3
33	1 4 6 3
34	1 4 4 4
35	7 3

#45
인어

★★★★☆

Row clues (left to right, top to bottom):

Row clues
1 3 3 2
1 1 3 3 1
2 2 2
2 6 3 1
3 6 3 3
2 5 6 2
2 4 9 1
2 9 6
3 7 3
4 6 3 1
11 5 4
1 17
2 8 3
2 4 2
6 3 3 1
11 8
5 3 9
3 4 1 7
1 1 9 4
10 1
6 2 1 1
3 2 2 1 3 2 1
2 2 2 2 3
1 2 6 3 2
3 3 1 2 2
2 3 1 2 2 2
1 3 5 3 2
1 3 2 1 1 1 2
3 4 1 2 2
6 1 1 2 2
7 4 1 1 2
5 2 2 2 2 2 2
2 2 3 3 1 3
1 3 3 8
5 10

LOGIC ART

고급

#46
친구
★★★★☆

Column clues (top, read top-to-bottom per column):

2 3 2 3 6 / 3 1 2 2 5 2 / 6 5 3 2 2 / 5 1 7 2 2 / 1 4 4 1 2 / 2 3 4 3 1 2 2 / 2 1 6 2 3 / 6 1 2 5 4 / 2 2 1 6 2 2 / 1 1 2 1 2 5 4 2 1 1 / 1 4 1 2 2 5 4 2 1 1 / 1 1 3 2 1 1 2 6 / 2 5 7 3 2 4 / 3 2 3 1 5 / 2 2 3 1 3 4 / 4 2 2 1 2 2 / 1 8 2 3 1 / 1 1 1 1 3 / 3 1 2 3 1 1 3 / 1 2 1 1 4 2 4 / 2 2 1 2 1 2 2 / 3 5 1 1 4 1 2 4 / 1 1 5 2 1 1 5 2 / 2 2 2 1 2 1 2 3 / 3 7 2 1 2 4 3 / 2 2 1 2 4 4 / 3 5 9

Row clues (left):

- 3 5 2 2
- 2 1 2 3 1 2 3
- 4 5 12
- 3 2 2 2
- 1 3 1 2 2 1 1 4
- 1 1 1 2 5 1 1 4
- 3 2 6 1 1 2 1
- 4 1 2 1 1 2 1
- 1 2 1 10
- 2 5 1 2 2 2
- 2 1 2 3 2 3
- 1 3 5 2 1
- 6 2 1 2 2 2
- 7 1 4 1
- 2 6 1 1 5
- 1 6 1 2 3
- 2 1 2 2 2 2
- 3 2 3 1 2 1
- 3 3 1 2 2 1
- 4 1 1 1 1 1
- 2 1 3 1 1 1
- 1 1 2 3 3
- 3 1 1 2 2 1 2
- 5 3 2 3 2 1
- 3 4 1 2 2
- 2 2 3
- 2 4 2 2 1
- 3 3 4 1 5
- 1 2 3 1 3
- 2 4 2 2 1 1 3
- 7 1 3 1 2 3
- 3 1 6 1 2 1
- 1 1 4 4 2
- 2 5 6
- 1 3 1 1 3

달타냥

★★★★☆

Nonogram puzzle grid.

Row clues (top to bottom):

- 3 4 4 5
- 2 3 4 8 3 4
- 3 1 3 4 3 3 2
- 5 2 1 1 4 11
- 1 1 6 1
- 1 1 3 3 1 2
- 1 1 5 1 2 2
- 3 1 1 3 8 5
- 1 1 1 2 2 4 4 2
- 3 2 1 1 2 5 2 1
- 2 2 4 1 5 2 3
- 5 4 2 1 1 1 5
- 3 6 1 2 2 4 2 1
- 2 7 2 4 2 1 5 1 1
- 3 5 3 1 1 4 2 1
- 4 7 2 1 5 1 1
- 4 4 6 3 2 1 1
- 6 8 9
- 7 3 10
- 1 3 2 4 5 3 1
- 1 3 2 1 3 2
- 4 1 1 2 1 1
- 6 3 3 3
- 4 2 4 3 4 3 4
- 6 7 3 6

#48

타지마할

★★★☆☆

Row clues (left to right per row):

Row	Clue
1	1 1 1
2	3 5 3
3	2 2 3 3 2 2
4	1 1 2 2 1 1
5	1 2 2 1 2 2 1
6	5 1 1 1 1 5
7	1 2 2 1 2 2 1
8	1 1 1 1 1 1 1 1
9	1 1 1 1 1 1 1
10	1 1 2 1 2 1 1
11	1 1 2 2 1 1
12	1 2 11 2 1
13	1 3 1 1 4 1
14	1 1 1 11 1 1 1
15	1 1 1 1 1 1 1 1
16	1 25 1
17	9 1 1 8
18	1 3 2 2 2 2 2 2
19	4 2 1 1 3 1 1 1 4
20	4 2 1 1 5 1 1 1 4
21	4 1 1 7 1 1 4
22	1 2 1 1 7 1 1 1 2
23	1 7 1 7 1 5 2
24	1 3 2 1 7 1 2 2 2
25	4 1 1 7 1 1 4
26	4 2 1 7 1 1 4
27	1 2 2 1 7 1 1 1 2
28	1 2 1 7 1 4
29	1 28
30	3 1 1 3

Column clues (top to bottom per column):

Col	Clue
1	3 24
2	2 1 1 3 2 1
3	2 1 15
4	2 1 17
5	11 3 2 1
6	3 2 2 2 1 2 1
7	4 2 1
8	3 2 2
9	4 14
10	3 2 1
11	2 4 1 7 1
12	2 1 1 1 1 9
13	1 1 1 1 10
14	2 1 1 2 1 11
15	2 1 1 1 1 11
16	1 1 1 1 11
17	2 1 2 1 1 1 10
18	1 1 2 1 1 1 1 1 9
19	2 1 2 1 2 1 1 1 1
20	2 1 4 1 7
21	3 2 2 1
22	4 14
23	6 2 2
24	3 2 2 2 1
25	11 3 2 1
26	2 1 17
27	2 1 3
28	2 1 14
29	3 24

#49

버팔로

★★★★☆

Column clues (top to bottom):

Column	Clue
1	18 2
2	2 14 1
3	1 3 1 2 7
4	1 1 2 4 2 3
5	3 3 1 1 1 5 1
6	1 2 3 2 8
7	3 2 3 2
8	2 2 2 4 1
9	2 8 3
10	1 2 1 5 1
11	1 3 2 3
12	1 1 1 2 1 7
13	6 2 1 1 1 3 2
14	1 1 5 1 1 1 1 1
15	1 1 4 2 1 1
16	2 1 3 2 1 1
17	3 4 1 1 1 1 1
18	4 2 1 1 2 1 1
19	2 1 1 1 1 6
20	1 1 2 1 2 4
21	1 3 1 3
22	2 9
23	2 4 1
24	1 2 2
25	1 2 3 2 1
26	1 1 1 3 2 1
27	1 2 2 1 1 1 1
28	1 5 1 1 1
29	2 1 2 1
30	8 2

Row clues (left to right):

Row	Clue
1	3
2	1 2
3	3 1
4	1 2
5	1 2
6	1 3
7	4 2 1 4
8	2 2 4 1 2
9	1 2 1 1 2 1
10	1 1 2 2 2 1
11	1 1 1 1 1 5 4 1 1
12	1 8 2 2 1 1
13	1 5 2 2 1 1
14	1 10 3 2 1
15	2 2 2 3 1
16	12 2 1
17	2 1 4 2 10
18	2 3 1 5
19	4 4 5 3
20	3 1 1 1 1 1 1 2 1
21	2 2 2 1 2 1
22	2 3 1 3 1
23	2 4 2 6 3 1
24	8 1 2 2 2 2 7
25	3 2 1 1 2 3
26	2 2 1 1 1 1 1 3
27	2 2 1 1 1 2
28	3 1 1 2 7
29	1 2 2 1 3 1
30	18

#50
독수리

★★★★☆

Row clues (left side, top to bottom):

- 4 6
- 9 17 2
- 1 4 4 2 2 3
- 3 3 2 1 3 1
- 6 1 1 2 2 2 3 3
- 5 1 1 7 2 4
- 1 1 8 7 4
- 1 2 1 4 1 2 4 8
- 2 5 4 1 2 3 5
- 1 2 4 2 1 2 2 2
- 1 8 4 2 2 3
- 1 1 2 7 1 2 2
- 1 1 3 1
- 1 2 7 4 2 2
- 1 2 3 4 4 2 2
- 1 1 3 3 2 3 1 2
- 1 1 1 3 1 2 3 3 2
- 1 1 1 4 9 5 2 1
- 1 4 2 10 2
- 1 4 1 1 4 3 2
- 2 1 3 4 3 2
- 2 1 2 4 4 1 1 2
- 2 1 4 2 2 9 1
- 2 8 3 5 4
- 5 8 4 1 2

#51
축구

★★★★★

#52
경찰관
★★★★★

Row clues (top to bottom):
- 6
- 3 4 3 6
- 3 1 3 1 3 3 1 2
- 1 1 10 1 1 2 2
- 1 1 3 2 1 1 1 1 3
- 2 3 2 2 4 1 1 1 1 2 2
- 3 1 2 1 1 2 1 1 1 1
- 1 2 1 1 1 1 4 2
- 1 5 1 1 5
- 1 1 3 4 7 2
- 2 2 1 2 4 5
- 4 4 2 2
- 1 1 3 4 1
- 1 1 4 2 2 1
- 2 2 3 2 1 2 4
- 14 2 1 2 1
- 2 1 3 3 2 5
- 7 1 2 1 4 2
- 1 6 2 1 1 1 2
- 2 1 6 1 1 6
- 1 3 2 1 4 3
- 13 2 4 2 2
- 2 12 1 5 2
- 2 4 1 4 6 1
- 1 3 6 1 1 5
- 1 8 1 1 2 4 2
- 5 1 6 3 1 2 2
- 1 6 4 4 2 2 2
- 8 4 1 1 1 3 2 1 2
- 1 4 2 6 3 1 4 1 2
- 2 2 3 1 2 2 2 2
- 2 3 2 2 1 2 2 2
- 1 5 2 2 2 4 3
- 3 2 2 3 2 3
- 20 9

Column clues (left to right):
- 3 3 2
- 4 1 1 4 1
- 1 2 4 3 2
- 2 3 6 1 1
- 2 2 2 1 1 2
- 1 2 2 3 1 3
- 5 3 2 3 1 1
- 3 2 1 4 3 1
- 2 1 1 3 1 1
- 3 1 2 3 2 3 1
- 6 1 5 5 1
- 5 5 1 4 2
- 5 1 1 1
- 4 1 1 2 1
- 2 1 1 2 5 1
- 1 1 7 10 1
- 2 1 2 1 1 1 1 2
- 4 1 1 3 6 1 1 1
- 7 2 1 1 2 1 1 2
- 2 3 5 4 1 3
- 4 1 5 1 2 2
- 3 3 2 1 2
- 5 2 2 1 2 2 1 2
- 5 2 1 1 7 1
- 2 2 2 5 2
- 4 1 3 1 2 6 2
- 1 3 4 1 2
- 3 1 1 3 2 1
- 1 3 1 2 1 4 2 2 1
- 2 2 1 1 1 3 1 1
- 2 1 1 2 4 2 1 2 1
- 5 1 2 2 4 3 2 2 1
- 5 1 2 1 3 2 2 1
- 4 3 2 2 1
- 6 5 1 4 2
- 5 1 1 2 3
- 2 2 2 2 2 3
- 1 1 2 3 10
- 2 2 3 7
- 3

#53

낚시

★★★★☆

Column	Clues (top to bottom)
1	4 1 3 1 4 3
2	4 1 2 1 2 3 2
3	4 1 1 3 2 3 1
4	4 1 2 2 2 1 5 1
5	3 2 1 5 1 4 1
6	2 2 3 1 5 4 3 2
7	2 2 2 3 3 2 3 2
8	3 2 1 3 1 3 1
9	2 2 3 2 4 1
10	2 1 1 2 4 4 1
11	2 1 1 2 1 1 3 2
12	1 1 2 2 2 3 3 2
13	1 1 1 1 2 3 4 2 3 1
14	2 4 5 2 1 1 4 1
15	14 1 4 1 4 1
16	1 2 2 5 1 1 2 1 4 1
17	1 1 3 1 1 1 1 1 3 2
18	1 4 6 2 3 3 2
19	1 2 1 4 4 2 3 3 1
20	2 1 1 3 3 1 4 2 1
21	1 4 2 3 4 6 1 2 1
22	13 4 3 2 4
23	2 2 1 2 2 1 6 3
24	1 1 1 1 2 1 4 3 1
25	1 1 4 2 2 3 2
26	1 2 3 2 4 2 3 1
27	2 3 3 5 2 1 5 1
28	8 1 4 2 3 2 5
29	2 11 4 2 3 2
30	1 1 1 4 5 2 3 2
31	2 3 4 5 1 1 1
32	1 1 10 2 3 1 1 2
33	2 2 3 12 3 2
34	21 3 3 1
35	2 2 3 6 5 1 1 1

Row	Clues (left to right)
1	6 1 4 2 1 1
2	6 1 2 1 2 2 2
3	5 2 2 5 4 4
4	4 2 2 2 4 3 2
5	2 2 4 4 2 2
6	5 3 3 5 1 3 3
7	2 3 2 1 3 2
8	2 1 2 3 5 6 3
9	2 1 1 6 1 2 3 1 4
10	1 2 2 3 4
11	2 2 7 2 4 2
12	12 11
13	21
14	4 7 3 2 3
15	4 5 11
16	3 3 4 2 6
17	2 5 9
18	1 2 10 10
19	1 2 2 2 2 2 2 3
20	2 2 2 2 1 1 2 3
21	4 2 1 1 2 1 3
22	3 3 4 1 2 2 1
23	3 1 1 2 2 3 1 1 1
24	1 3 2 2 3 2 2
25	2 2 3 2 2 2 3 2
26	3 1 1 3 6 2 5 2
27	1 5 2 2 3 8 1
28	2 21 2
29	3 4
30	34
31	27 2
32	2 16 7 5
33	5 2 3 2 4
34	1 2 2 2 2 7
35	17 3 2

#54
야구
★★★★★

Nonogram puzzle.

Row clues (left to right):

- 1 6 1 2 3 1 2
- 1 2 7 2 3 4 1 4
- 4 9 1 3 1 1 1 1 1
- 2 1 2 1 2 4 3 4
- 3 2 1 2 1 3 6 4
- 5 1 1 1 3 13
- 3 1 3
- 3 2 4 3 2 7
- 2 2 2 1 3
- 2 1 3 3 2 2 6
- 1 2 1 4 2 1 1 1 1 5
- 1 2 7 7
- 1 2 1 2 1 1 1 1 1
- 1 2 3 2 1 2 2
- 1 5 2 2 11
- 4 1 5 1 10 2
- 8 4 2 2 2 2
- 1 4 1 1 3 1 1 1 3
- 1 2 2 1 1 5 3 3
- 2 2 1 2 1 6 4
- 2 2 2 1 1 14
- 3 3 1 1 2 8 2
- 4 2 1 3 6 5
- 2 2 1 5 5 5
- 1 3 5 1 6
- 2 3 6 1 6
- 1 3 16
- 1 3 2 1 4 4
- 1 3 7 3 4 1
- 5 4 1 1 3 4
- 3 4 5 3 5
- 4 4 4 7
- 5 1 1 4 1
- 1 1 3 2 1 4 1 2 1 2
- 9 2 6 4 4 2 1

#55

유도

★★★★★

3 3 2 4	1 1 2 3 2 4 1	1 1 8 1 3 1 5 1	1 2 2 4 2 1 4 1	1 1 3 1 1 1 6	2 2 3 4 5 1 6	2 3 2 8 2 6	3 8 3 5	2 9 4 2 5	1 2 9 2 1 1 1 4	1 1 8 1 3 3 1 1 3	2 2 6 8 2 2	1 8 6 1 1 1 2 1	1 7 2 2 1 2 1	1 3 1 3 2 3 3	5 1 3 6 4	2 6 5 5 1 4	3 5 7 2 1 1 4	2 6 1 2 1 4 2	2 6 4 1 2 2	2 4 3 3 3 3 1 2	2 3 8 1 4 1 1	15 4 2 1 2 1	13 1 3 2 2 2	12 3 2 2 1 2	8 2 5 1 1 2 1 1	2 1 1 1 1 1 1 2 1	2 2 7 2 2 1 2	3 1 1 4 1 2 2 1 1	5 1 1 2 5 2 2 2	5 1 1 1 1 2 3	6 2 1 1 1 1 2 1 3	4 2 3 1 1 2 3	3 5 1 1 1 2 3	7 3 1 5

3 7
6 2 9 2
1 2 1 3 4 5
3 1 5 15
1 1 5 12 4
5 2 2 11 5
1 3 4 6 4 3
1 2 6 4 5 1 1
1 1 6 4 7 2
1 1 9 6 2
1 2 5 2 5 1 4
1 1 5 2 5 3 4
1 2 1 4 2 5 2 2
1 2 5 2 2 3 1 1
2 1 4 2 2 4 1 1 2
1 1 8 3 1 1 2 1 1 2
1 4 2 4 1 1 2 3
1 4 4 1 2 4 6
5 5 1 1 1 1 2
3 2 4 2 2 2 1 1
1 1 2 2 3 1 1 1 1
2 1 1 1 3 2 3 2 2
1 1 1 2 3 1 1 2 1
2 1 1 1 2 2 1 3 3
1 1 2 2 2
3 2 2 1 3 4
2 5 1 7 8
6 1 1 8
3 1 4 2 1 5 4
7 1 1 3 1 1 1 1 1
11 1 3 5 2
14 3 1 1 1 3
21 5 4
6 7 2 1 4
8 6 2 2 4

#56

데이트

★★★★☆

Nonogram puzzle #56 "데이트"

Row clues (top to bottom):
- 1 2 1 1 1 2 1 1 1 1 2 2
- 1 2 3 2 2 3 1 1 2 2 1
- 2 2 2 1 1 2 3 2 2 1
- 3 5 2 2 2 1 2 1 6
- 2 4 2 7 2 2 5
- 2 2 6 5 7 3
- 1 5 4 2 2 9 2
- 1 7 2 3 7
- 1 1 5 3 1 4
- 3 4 2 3 5 2 3
- 4 4 8 7 1 2
- 8 2 5 1 3 2 2
- 6 2 2 1 2 1 1 4
- 3 2 1 1 1 1 1 3 3
- 3 4 3 1 1 4 1 2
- 4 2 7 3 1 1 2 2
- 3 2 8 4 2 2
- 1 2 3 4 1 1 1 1 1 1
- 5 3 6 2 1 2 1 2
- 5 3 7 4 1 1 1 1
- 2 2 2 6 1 1 1 4 1
- 5 1 1 1 3 3 1 2 2 1 1
- 2 2 3 1 1 1 2 1 2 1
- 3 1 1 1 6 1
- 5 1 2 7 1 1
- 1 3 1 2 1 3 3 2 1
- 1 1 1 3 1 2 3 3 2
- 1 1 3 1 1 1 1 3 3 2
- 2 3 4 1 2 3 3 2
- 2 2 2 6 2 3 3 2
- 1 3 1 1 2 3 1 3 3 2
- 1 5 1 1 1 1 2 3 3 2
- 1 4 3 1 1 3 3 4 2
- 4 2 3 3 4 3 2
- 5 2 3 4 4 3 3

#57
커플 자전거
★★★★☆

Row clues (top to bottom):

- 8 6 3 6
- 3 5 4 9
- 1 2 2 2 5 1
- 2 1 3 6 1
- 4 4 1 2 2
- 2 2 2 2 2 2
- 2 1 1 4 4 1 1
- 3 1 1 6 7 1 3
- 2 3 6 5 3 3
- 4 4 2 6 4 2
- 1 2 4 13
- 6 1 1 2 2 7
- 8 11 5 6
- 3 4 9 2 3 1
- 1 7 9 4 3 1
- 5 2 7 3 3 1
- 3 2 3 7 1 2 2
- 4 2 3 6 3 2
- 4 1 3 6 1 2
- 1 3 17 5 2
- 1 1 3 4 3 4 5
- 2 5 5 1 3 3
- 2 3 8 2 2
- 5 1 2 12 3
- 2 1 2 2 3 3 4 4
- 2 1 4 2 3 2 2 2 2 1
- 2 1 1 2 2 4 1 1 2 2 2
- 1 1 2 1 8 2 1
- 1 3 3 3 1 8 1 1
- 6 3 1 3 1 1 1 3
- 1 3 1 3 11 1
- 2 1 1 1 2 2 1 1 2
- 2 2 2 1 2 2 2 1
- 2 1 2 1 2 3 2 2
- 6 3 5 6 3 1

#58
장미
★★★★☆

Row clues (left side, top to bottom):

- 10 4 7 1 4
- 7 4 1 9 2 2
- 4 1 1 2 1 5 5 2
- 3 3 2 4 4 4 2
- 4 1 1 1 3 2 5 3 1 1
- 2 3 1 2 1 6 3 2
- 2 2 1 1 1 3 1 1 2 2
- 4 2 2 2 2 1 1 2
- 1 2 2 5 4 2 2 1
- 1 1 2 4 4 2
- 2 2 1 4 4 6 3
- 1 3 1 5 4 5 3
- 2 3 6 5 4
- 1 1 1 9 4
- 2 1 1 9 7
- 1 2 2 1 8 5 1
- 1 1 2 2 1 2 6 3 2
- 1 1 2 1 2 3 5 2 2 2
- 1 1 2 2 1 2 2 1 2
- 4 4 1 4 2 2 1
- 4 6 1 2 8 1 1
- 5 2 2 2 2 4
- 2 2 1 1 1 2 2
- 2 1 2 3 4 3 1
- 1 6 1 2 5 2
- 3 4 3 3 3
- 1 4 2 3 2 4
- 1 4 1 2 1 7
- 1 2 1 3 11
- 2 2 2 1 2 3
- 1 2 2 2 2 2 2
- 3 3 1 1 3 7 2
- 6 1 2 8 2 2 2
- 2 1 1 1 5 5 4
- 10 3 12

#59
선장
★★★★☆

Row clues (top to bottom):

- 2 4 1 1 6
- 3 2 1 2 5
- 5 2 2 1 5
- 2 5 5 3 1 2 4
- 2 3 1 5 2 2 3
- 2 2 3 2 1 5 2 3 1
- 3 2 1 4 1 4
- 3 3 2 2 1 1 1 4
- 5 7 1 3 2 1 3
- 2 2 1 5 1 2 2
- 3 3 1 7 2 4
- 2 3 1 7 1 3
- 3 4 1 4 3 2 2
- 2 3 3 3 1
- 2 4 3 4
- 1 6 3 8
- 4 4 8 5 2
- 3 1 2 2 3 2 4 1 3 1
- 1 1 5 2 3 1 2 1
- 6 1 3 1 1 1 2 2 2
- 2 2 2 2 1 3 3 5
- 1 1 5 2 4 2 1 3
- 8 6 2 1 1 2
- 1 1 1 3 5 2 1
- 1 3 1 1 1 1 3 1
- 1 1 1 2 1 2 2 1 2
- 6 1 4 4 1 1
- 1 5 3 3 1 1
- 3 2 1 2 3 3 1 2
- 11 3 3 1 1 1
- 9 2 2 3 3 1 1 1 1
- 2 2 2 2 1 2
- 4 4 2 3 2 1 2
- 4 1 4 6 5 1 1
- 1 1 1 2 24

#60
다람쥐
★★★★★

Row clues:

		4	3	7	2	
3	2	2	2	3	3	3
4	3	2	1	1	2	1
		2	6	1	2	2
		1	7	2	1	3
	6	2	3	2	1	
		3	7	2	1	
		3	4	5	2	
		3	3	7	4	
		5	3	9	2	
	1	7	2	8	2	
2	2	3	3	5	1	
	1	3	5	3	1	
		3	4	6	1	
		4	3	9	2	
3	2	3	4	5	1	
	2	1	6	4	2	
	1	2	4	3	1	
	1	8	2	2	1	
	1	4	5	3	1	
		6	2	4	1	
		4	8	5	1	
		6	1	2	4	
		4	1	2	4	
				8	3	
		2	3	3	1	
	1	4	2	4	1	
	1	1	9	8	1	
2	1	3	7	2	2	
3	1	2	4	2	2	2
	3	2	8	8	1	
2	2	2	2	13	1	
		3	2	4	11	
	3	3	6	4	2	
	2	3	7	2	1	
1	2	3	2	2	1	
3	2	1	3	2	1	
		4	2	1	7	
		4	3	2	2	
			6	1	2	

#61

요리사

★★★★☆

Column	Clues (top to bottom)
1	1 4 3
2	2 2 2 2 4 4 2
3	1 2 2 2 1 2 3 2 1
4	1 2 4 1 4 5 1 4 1 2
5	2 4 2 1 2 2 2 3 2 6
6	1 4 5 2 1 1 3
7	1 3 3 1 3 1 1
8	3 4 5 2 3 2 2 1
9	2 6 4 3 2 1 3 2
10	5 4 7 1 2 2 1
11	1 2 1 3 1 1
12	1 6 9 1 2 1 3
13	8 1 2 2 5 6
14	2 2 2 3 3 2 2
15	3 4 3 1 1 3 3 1
16	1 3 1 3 2 1 2
17	1 2 2 1 3 4 5
18	2 3 1 2 2 3 2
19	2 2 9 4 1 1 1
20	6 13 4 2 2 2
21	2 6 5 3 5 2 5 1
22	3 2 3 2 3 2 1 3 2 3 2
23	2 3 1 3 4 3 3 2 7
24	1 1 1 1 6 1 3 2 7
25	1 3 1 4 2 1 4 1 5 1
26	2 2 2 5 1 2 5 3 2
27	6 3 3 8 6
28	4 4 4 5 2 6
29	2 5 7 7
30	2 5 4

Row	Clues (left to right)
1	17 6
2	1 1 3 3 4 1
3	1 1 1 1 1 1 1
4	1 1 1 1 4
5	2 2 1 10
6	1 1 1 1 5 1 2
7	2 1 1 1 2 2 2
8	2 2 1 3 1 2
9	1 1 3 1 2 3 1 1
10	1 1 3 1 1 4 1 2
11	2 2 1 1 1 1 3 3 4
12	2 2 1 1 1 2 2 1 1 3 1
13	2 1 3 2 2 1 2
14	2 1 1 3 2
15	1 1 2 2 4 3
16	3 2 1 3 4 1
17	3 2 4 3 3 1
18	1 2 1 1 4 3 1
19	2 1 1 1 3 3 3 2
20	2 2 1 2 7 2 2
21	1 3 2 1 1 3 2 2
22	1 1 2 2 1 1 1 4 3
23	1 5 1 2 2 2 4
24	3 2 1 3 1 6
25	1 2 1 2 2 3 1
26	1 1 1 3 6 5
27	2 1 2 2 11
28	3 2 2 1 11
29	2 2 3 12
30	12 2 4
31	2 1 2 5 1 1
32	3 2 1 1 7 2 1
33	9 1 2 3 1
34	2 2 2 9 2
35	3 1 3 3 11
36	2 1 3 1 1 5 3
37	12 1 1 3 3
38	2 2 1 1 3 3
39	11 2 1 3 4
40	3 1 3 12

#62
기린
★★★★☆

This is a nonogram (picross) puzzle. The row clues appear on the left side and the column clues appear across the top.

Column clues (top, left to right):

Col	Clues (top to bottom)
1	3 3 3 2 3 1
2	2 3 3 3 2 4 2
3	3 2 11
4	1 2 1 3 3 14
5	2 1 1 1 3 9
6	2 3 1 2 2 7 5
7	3 1 2 2 6 2
8	3 2 2 1 4 3
9	2 1 4 1 2 3
10	1 4 2 4 2
11	2 2 4 1 1 1
12	9 2 5 4 2
13	2 1 2 2 1 3
14	1 4 5 1 2 3
15	4 1 2 2 1 2
16	3 6 6 1 1 3
17	1 2 1 2 1 3
18	2 2 7 3 1 3
19	2 3 3 6 2 3
20	3 1 6 3 2 1 3
21	3 2 3 3 2 3 3
22	3 2 2 1 2 8 1
23	2 2 3 2 5 2
24	1 3 3 1 3 1
25	1 1 3 4 2 2
26	3 1 1 1 2 2 1
27	3 1 3 4 3
28	3 3 1 1 3 2
29	3 2 2 3 3 1
30	1 3 3 1 6 2
31	3 1 2 3 3 7
32	1 2 5 2 3 3 5
33	2 2 4 2 4 8 1
34	5 4 2 4 3 4
35	5 2 2 8 4 4
36	2 5 2 9 3 4
37	2 2 2 2 3 4

Row clues (left to right, top to bottom):

Row	Clues
1	2 5 5 7
2	3 5 5 4 4
3	1 1 4 3 4 2
4	4 2 4 3
5	1 4 3 2 4 1
6	3 4 2 2 3 3 1 2
7	4 2 2 6 4
8	4 4 2 5 3 1
9	9 4 2
10	9 3 3 2
11	2 4 5 3 1
12	1 4 4 4 2 2
13	1 2 5 3 3 2
14	4 2 3 1 4 3
15	8 2 3 4 3
16	3 1 2 3 3 1 2 1 2 1
17	3 2 3 4 3 1 1
18	1 2 3 3 3 2
19	2 7 4 3 5
20	12 4 2 2 1
21	2 2 4 4 1 1 2 1
22	3 1 4 2 2 1 2
23	6 4 1 1 3 3
24	1 3 2 4 3 3
25	1 2 2 3 3 3
26	2 6 1 1 1
27	3 1 4 2
28	1 2 3 2 3
29	4 4 2 6
30	3 1 3 8 1
31	2 4 2 3 2 1 1
32	1 6 6 2 2 1
33	2 3 3 2 3 2
34	2 2 3 4
35	3 4 5 1
36	3 7 1 2 2
37	1 1 1 4 2 1 3
38	1 6 3 3
39	2 6 5 2
40	3 7 1 2

#63
마구간

★★★★☆

Row clues (top to bottom):

- 4 4 6 5 4
- 4 4 7 5 5
- 3 3 6 5 5
- 4 5 4 1
- 4 4 4 2
- 5 3 2
- 4 1 1
- 12 2 2 2
- 4 5 1 2 7
- 2 1 2 10
- 2 2 6 1 4
- 3 3 3 2
- 6 2 2 1 1
- 2 3 2 1 2 2
- 2 3 3 3 1
- 3 4 1 2 1 2
- 4 3 2 4 1 2
- 6 1 2 1 2 2 1
- 10 1 1 2 1 2
- 1 2 2 4 1 1 2
- 9 9 2 1
- 1 2 4 3 1 2 1
- 2 1 5 2 4
- 1 1 7 1 2 3
- 5 1 4 1 2 2 1 3
- 1 6 3 1 2 2 2
- 2 3 4 2 8 2
- 1 2 7 2 2 2 1
- 2 3 5 2 2 2 1
- 2 3 10 1
- 1 3 2 2 2 2
- 2 4 2
- 1 3 7 2
- 1 4 5 5 1
- 3 5 5 2 4 1
- 3 6 2 7 2 1
- 3 1 1 1
- 6 2 2 2
- 7 3 3 2
- 5

Column clues (left to right):

- 3 3
- 3 6 3 3
- 3 2 10 3 1
- 2 3 3 4 1 3 2
- 7 3 1 2 4 8 5
- 2 5 2 2 4 1 5
- 3 2 2 4 5 1 2
- 3 2 1 2 3 1 5 2
- 2 2 2 2 1 2 5 2
- 1 2 4 1 1
- 2 3 1 1 11 1 16
- 2 3 1 2 4 2
- 3 2 1 3 1
- 4 2 1 2 7 6
- 4 1 2 2 1
- 4 5 2 3
- 4 3 1 2 2 5
- 2 5 3 2 3
- 3 4 9 2 5
- 4 6 1 2
- 5 3 3 1 3 7 2
- 5 5 2 1 1 1
- 4 2 1 3 8 1
- 2 3 4 2 4 1
- 1 2 3 4 1 1 2
- 4 1 8 2 1
- 3 2 2 1 4 1
- 5 3 4 7 2 5
- 5 4 2 6 2
- 4 3 4 5 5
- 3 2 4 5 2
- 3 2 5 3 2
- 2 3 4 21

#64
농촌 풍경
★★★★★

#65

허수아비

★★★★★

2 1 11	
4 3 6	
2 1 2 1 4 3	
2 1 2 4 5	
6 2 2 6	
3 1 2 9 1 2	
3 4 22 1	
6 1 3 1 2 1 1 2	
6 1 1 3 1 3 1 1 5	
6 2 2 3 1 4 1 5	
3 2 2 13 10	
2 2 2 2 4 3 1 2 1	
6 1 1 4 2 1 1 3 1	
1 3 1 4 1 1 2 1 1 2 1	
3 5 1 1 14	
2 4 2 11 1	
2 2 1 1	
1 2 2 1 1	
2 2 2 1	
2 1 1 1	
2 1 2 3 6	
4 1 1 1 2 3 1	
3 1 5 3 2 3	
4 4 3 1 1 2 4 2	
9 5 4 4 1	
1 5 2 2 4	
1 3 1 1 1 1 2 1	
1 1 3 2 1	
1 2 8	
2 2 2 1	
3 1 1 2 1	
9 1 2 1 4 1 6	
2 5 1 1 1 3 2	
2 6 1 2 4 2 2	
3 6 2 4 4 2	
3 1 1 2 1 3 1	
8 1 2 2 4 1	
4 1 1 3 7 1	
3 3 1 1 3 1	
7 2 2 1	

6 1	
6 1 5	
4 1 3 7	
4 2 2 2 2 5	
15 3 1 4	
16 5 1 2 1 1	
2 1 1 2 3 1 2 1 1	
1 1 1 1 3 3 1 2 1 1	
1 2 2 1 5 3 9	
1 1 1 1 3 4 9 2	
1 5 2 1 10	
1 3 2 1 3	
8 11 1 7	
2 15 5 4	
1 9 4 3	
4 5 1 1 3 1 1 1	
1 5 2 8 1 1	
2 1 1 1 1	
2 3 1 4	
2 1 3 2	
2 1 1 1 2	
3 1 3 3 1 2	
2 1 1 1 1 1	
2 2 1 1 1 5	
2 5 2 7 1 2 2	
10 5 1 1 1	
1 5 1 4 1 1 1	
1 1 1 2 1 2	
1 1 1 2 7	
2 1 3 1 4 9	
1 1 1 1 3 2 2 6	
1 2 1 1 1 2	
1 2 1 1 1 8	
1 1 9 4 4	
3 1 1 1 1 4 1 2	
2 2 9 2 1 1 1	
2 2 10 1 1 1	
5 1 3 1 1 1 1 1	
6 3 1 1 1 4	
7 6 5 2 13	

#66
어미새,
새끼새

Row clues (top to bottom):

- 17 5 7
- 4 11 2 2 6
- 2 2 2 3 3 1 1 5
- 1 2 2 2 2 2 1 2 4
- 2 3 2 1 1 2 3 1 3 3
- 3 5 1 1 3 1 2 1 2
- 3 1 2 1 1 4 1 1
- 1 2 1 2 1 1 1 1
- 2 3 2 1 2 1
- 1 2 1 1 1 1
- 1 6 1 1
- 5 1 5
- 8 6
- 2 3 7
- 4 1 1 1 3
- 2 2 1 1 2
- 3 2 1 1 2 3
- 2 1 1 2 1 1 1 2 2
- 3 2 1 2 3 2 1 1 2
- 5 2 2 7 2 3
- 6 2 1 2 3 2
- 7 2 1 2 1
- 4 8 4 3 1
- 3 1 10 3 1
- 2 2 1 1 6 3 1
- 1 2 3 10 1 1
- 8 8 1 2 1
- 2 3 1 8 1 2 1
- 1 5 1 2 9 2
- 2 2 3 4 7 2
- 3 1 7 2 1 2 8
- 2 1 10 1 5 6
- 1 1 8 1 5 6
- 1 5 8 7 5
- 3 1 8 2 2 5
- 2 2 7 1 5
- 1 2 8 3 1 6
- 1 4 7 4 3 6
- 3 2 6 1 5 6
- 6 4 2 3 6

#67
원숭이

★★★★☆

Row clues (top to bottom):

- 5 5 4 11
- 6 4 5 14
- 1 4 7 2 1
- 3 3 5 7 2 2
- 4 2 2 6 1 3 3
- 4 1 3 2 3 3
- 1 2 1 2 3 3 1
- 2 1 10 3 5 2
- 1 6 4 2 7 2
- 4 3 4 1 8 2
- 4 2 1 5 1 5 1
- 2 1 2 2 5 2 2 4
- 1 1 4 6 1 2 1
- 2 2 2 3 4 1 1 3 1
- 3 1 1 1 4 3 1 2 1
- 3 1 1 1 4 2 2 4
- 2 1 3 2 1 5 3
- 1 3 3 3 1 5
- 1 1 3 2 10
- 1 3 2 3 6
- 2 2 2 1 5
- 1 3 2 3 1 5
- 1 1 7 1 5
- 2 2 12 6
- 2 1 2 5 3 6
- 2 1 6 4 2 3
- 6 2 3 7 3 3
- 2 1 2 3 1 9 4 3
- 1 1 2 2 1 14 3
- 2 1 3 2 5 8 4
- 2 1 2 5 6 3 2
- 4 3 6 4 2 2
- 2 3 1 3 2 3
- 1 3 4 1 1 2
- 3 6 5

#68
궁수
★★★★★

Row clues (top to bottom):

- 6 1 4 2 4 11 1
- 2 3 3 2 2 2 3 1 2 1
- 1 6 2 8 4 2
- 8 3 4 3 5
- 4 1 3 5 2
- 6 2 3
- 3 4 1 2
- 11 1 1 6
- 4 3 2 2 1 8
- 3 1 1 2 1 1 2 7
- 1 5 1 1 2 2 2 5
- 7 1 2 2 1 4 2 4
- 3 2 1 3 1 5 1 4
- 7 2 2 3 3 3 3 4
- 9 5 3 1 4 5
- 3 3 1 2 1 12
- 3 3 2 2 1 10
- 9 4 1 1 8
- 2 1 2 3 1 2 8
- 2 3 3 1 1 1 2 2
- 6 2 1 1 2 12
- 2 3 1 3 3 2
- 1 4 2 1
- 1 1 2 1 1
- 2 1 1 2 1
- 2 3 4
- 5 4 1
- 2 6 2
- 2 4 1 5
- 3 1 8
- 2 1 7
- 2 1 8
- 2 1 3
- 1 1 3 3
- 4 1 1 1 8
- 5 1 1 1 9
- 5 2 1 14
- 4 1 21
- 9 5 23
- 3 10 23

#69

사과 따기

★★★★★

2 8	
2 4 2	
2 4 1	
1 3 9	
1 3 13	
1 2 15	
3 16	
2 3 11	
1 2 5 3 11	
2 2 1 6 15	
3 2 1 1 4 14	
4 3 1 1 2 4 2 2 6	
4 7 6 1 2 3	
3 2 5 1 3 1 2 2	
2 3 1 2 2 1 3	
1 5 1 2 2	
1 2 3 7 1	
1 5 5 1 1 10	
1 2 8 2 2 1 1	
1 1 4 4 3 4 2	
1 5 3 3 3 2	
1 1 4 3 1 3 2 1 1	
3 2 3 2 2 2 2	
2 3 1 4 1 3 2	
1 5 1 2 2 4	
1 2 3 3 3	
1 3 2 1 3 2 2	
1 3 1 2 1 3	
2 3 3 2 2	
2 2 2 2 3 2	
4 2 1 1 2 1	
5 2 1 1 2 2	
3 3 4 4	
2 2 7	
2 2 3 9	
2 1 2 2 2 9	
1 2 1 2 13	
1 1 1 1 2 11	
1 3 17	
2 17	

27	
4 2 8 1	
4 1 2 3	
4 1 2 2	
5 5 3 1 3 1	
2 3 1 5 1	
2 4 1 5 3	
1 3 1 3 2 1	
3 3 2 1 1 1	
3 7 3 2 1	
2 3 3 4 4 3	
3 3 2 6 3	
2 2 1 3 8 1	
1 3 1 3 2 3	
1 3 3 3 1 2 2	
1 5 1 3 1 2 2 1	
1 9 2 1 1 2 1	
1 7 1 2 1 2 3	
2 7 14 2	
10 1 3 5 2	
10 3 2 5	
5 5 1 2 2 3 1	
5 6 7 2 1 1 2	
5 4 4 2 1 1 4	
5 3 2 3 3	
6 6 2 4 2	
7 1 5 3 2	
3 8 1 5 2	
2 2 2 2 2 6 2	
9 1 5 10	
6 2 6 8	
3 2 4 7	
3 1 6	
3 1 6	
4 1 5	
4 1 4	
4 1 4	
5 1 1 4	
8 1 4	
11 4	

#70
밀크 셰이크
★★★★★

Row clues (top to bottom):

- 7 7
- 9 9 2
- 10 14
- 11 11 2
- 2 3 2 1 7 1
- 2 2 2 1 6 2
- 2 2 2 1 2 5
- 1 1 1 1 1 2
- 1 1 1 3
- 2 1 1 1 2
- 2 7 1 7
- 3 1 1 2 2 3 2 2 2 3
- 5 1 2 1 3 1 2 3 2 2 1
- 1 2 1 1 1 2 3 3 2 1 1
- 2 3 1 1 1 1 4 3 1
- 2 3 1 4 2 1 4 3 2
- 1 2 1 7 5 5 2 2
- 1 1 1 1 1 1 1 3 4
- 4 1 1 1 1 1 3 1 4
- 36
- 4 4 3 3
- 3 2 1 1 7
- 3 1 16 4
- 3 1 3 6 2 3
- 3 1 3 4 1 1 3
- 7 2 2 1 1 4
- 2 3 3 2 4 5
- 2 1 2 6 8 2
- 2 4 2 2 2 3 2
- 2 7 1 1 7 2
- 3 5 2 2 3 3
- 2 8 2 2 1 4 2
- 2 1 4 1 2
- 2 4 1 2 1 4 2
- 3 2 2 2 3
- 3 4 1 2 1 4 2
- 3 2 2 2 2 2 1
- 2 1 1 2 1 1 2
- 3 2 2 4 2 2 2
- 14 8 14

#71

킥보드

Row clues:
- 2 8 2
- 2 2 7 2
- 1 2 5 2
- 5 2 3 1 4 1 3
- 2 2 2 1
- 7 8 3 2 4
- 4 7 5 3 3
- 16 3 6 6
- 16 23
- 17 5 16
- 4 5 8 1 15
- 2 2 3 1 1 15
- 1 1 1 1 1 2 11
- 1 1 1 1 10
- 2 1 1 9
- 3 2 1 1 5
- 1 1 3 2 1 2
- 1 3 1 4 1
- 6 9
- 1 9
- 1 1 6
- 1 1 14
- 1 1 3 12
- 2 1 14 1
- 3 2 4 8 2
- 3 2 1 4 4 1
- 2 4 3 1 4 2 1
- 1 5 1 4 1 4 2 2
- 1 2 4 14 3
- 1 1 2 4 1 5 3
- 2 1 1 3 1 6 5
- 1 1 1 2 6 6 3
- 2 1 1 1 2 5 3
- 3 2 4 3 1 5
- 3 1 2 3 2 1 4 2
- 1 2 6 2 2 9 3 2
- 4 2 1 1 1 11 4
- 1 2 2 2 3 1 2
- 10 9 2 6
- 8 7 7

#72

티타임

★★★★★

Column clues (left to right, top to bottom):

1. 4
2. 7 3
3. 2 3 2 4
4. 3 1 1 1 2
5. 2 3 2 1 1 2
6. 1 1 2 2 1 2 1 1
7. 1 2 3 2 1 2
8. 4 1 5 2 2
9. 2 3 1 2 1 1 2
10. 2 6 2 1 2 1 1 3
11. 2 3 5 1 1 1 1 1 1
12. 1 4 2 1 2 2 2 1 2
13. 1 3 2 2 1 3 2 2 2
14. 1 3 1 1 2 2 1 2 6
15. 3 2 1 2 2 2 2 6
16. 2 1 1 1 2 8
17. 4 4 1 1 2 1 2
18. 3 7 1 4 2 1
19. 2 2 2 6 2 3 3 2 2 1
20. 1 2 2 2 9 3 3
21. 1 4 1 2 9 2 4
22. 4 1 4 5 2 6
23. 3 2 4 2 1 10
24. 2 3 3 2 2 6 6
25. 9 2 5 2 4 6
26. 11 2 1 2 4 2 5
27. 8 2 2 2 2 7 4
28. 6 3 3 20 3
29. 4 6 23
30. 22

Row clues (top to bottom):

1. 8
2. 2 7
3. 2 3 5
4. 3 2 5
5. 7 3 7
6. 2 3 10
7. 2 2 5
8. 2 1 3
9. 1 3 4
10. 1 3 2 1 1
11. 8 3 2 2
12. 1 4 4 1 1
13. 1 4 5 1
14. 2 1 4 4 1 1
15. 1 1 2 2 1 2
16. 2 1 2 2 3 2
17. 2 1 1 1 1 1 3 3
18. 3 2 1 4 2 5
19. 3 1 2 2 1 3
20. 3 1 1 3
21. 2 1 1 1 1
22. 3 2 1 2 2
23. 3 1 5 2
24. 2 3 5 4
25. 7 2 5 5
26. 3 1 2 3 3 2 3
27. 2 8 4 2 4
28. 1 7 1 3 2 4
29. 2 1 3 1 3
30. 3 5 2 1 3
31. 1 3 3 2 1 3
32. 2 3 2 2 2 3
33. 2 4 2 4
34. 3 2 2 4
35. 7 2 2 4
36. 3 2 2 2 4
37. 3 2 5 5
38. 2 2 6 5
39. 2 1 2 1 4
40. 5 4 3
41. 3 5 3
42. 3 7 2
43. 3 11
44. 4 11
45. 16

#73
요정
★★★★★

Row clues (top to bottom):

- 12 4 5
- 4 3 2 1 2 6
- 1 2 2 1 10
- 2 1 10
- 5 1 1 10
- 2 2 1 1 2 9
- 1 2 4 1 2 7
- 1 3 2 2 1 2 1
- 2 4 9 2
- 4 2 2 6 2
- 1 5 1 9
- 2 4 1 2 3 2
- 7 1 6 1 1 2
- 1 3 1 1 1 1
- 3 1 2 1
- 3 2 1 2 1 1
- 1 2 5 2 1 4 1
- 2 3 6 1 3 2
- 4 9 2 5
- 4 7 1 5
- 2 5 2 4 2
- 10 2 2
- 7 4 1 2 2
- 1 3 1 1 4 1
- 1 3 2 1 1 1
- 6 2 1 1 1 1 3
- 3 3 2 1 3 1 1
- 2 4 1 1 7
- 1 3 1 1 4 3
- 5 1 2 2 2
- 2 1 5 1 2
- 6 1 2 3 2
- 9 2 1 2 3
- 6 5 1 1 3
- 2 9 1 4 2
- 4 4 1 1 2 4
- 6 3 1 1 4 5
- 2 3 2 1 1 7 2
- 6 1 1 2 3 2
- 5 2 2 1 1 9
- 2 2 1 2 1 2 3 2
- 2 5 6 4 2 2
- 10 2 3 4 4 1
- 5 2 2 2 2 2 4 1
- 2 2 3 1 2 1

#74
아름다운 여인
★★★★☆

행 단서 (왼쪽):

- 2 2
- 2 2
- 1 3 2
- 3 4 3 4
- 3 17
- 2 7 4 4
- 3 2 3 4 2
- 9 2 4 2
- 3 1 4 3 3
- 2 2 1 6 3
- 2 2 3 1 9 1
- 3 3 2 2 1 7 2
- 2 1 1 3 1 3 4
- 3 1 2 1 2 3 9
- 3 1 2 2 2 8
- 1 2 2 6 1 3 4
- 1 2 1 2 4 3 4 1
- 1 1 5 1 2 1 2 2
- 1 2 2 1 1 1 6
- 1 1 2 1 1 2 1 4
- 1 1 1 1 2 2 2 7
- 2 2 2 4 1 1 3
- 2 6 5 2 4 1
- 3 2 2 6 2 2
- 1 1 1 2 1 3 2 5
- 1 2 3 2 1 10
- 2 2 2 2 2 9
- 2 1 1 1 2 2 9
- 3 2 1 2 1 8
- 3 2 2 2 8
- 3 3 2 1 7
- 4 3 1 1 8
- 1 1 2 1 6 6
- 1 2 2 2 2 6 6
- 5 2 2 7 4
- 2 5 4 2 9
- 2 2 4 2 9
- 1 2 5 2 8
- 1 1 1 3 1 1 3 2
- 4 1 3 2 2 1
- 7 4 1 2 2
- 5 2 3 2 2
- 4 2 5 2
- 3 6 5 2
- 3 10

#75

뗏목을 타고

★★★★☆

1 2 2 5 3 2 1 1
2 2 2 2 2 3 2 1 2 1
2 1 2 2 2 3 1 1 2 1 3 2
2 2 2 1 1 2 3 2 1 1 3 1
4 1 1 4 1 1 1 2 1
4 2 4 1 1 1 1 3 1
3 3 4 6 1 1 2 2 1
2 3 3 6 2 4 7 2 2
7 3 3 2 2 1 11 1 1
6 1 2 2 2 1 1 11 1 2
2 2 2 2 1 1 1 1 1 5 1 1 1 1 1
2 3 5 3 2 1 2 1 1 1 2
3 1 1 2 3 1 2 1 3 1 1 1 2 1
3 1 2 7 7 1 1 2 1
4 2 1 1 1 12 1 2
4 2 2 3 9 1 1 1
3 1 1 1 2 6 3 1
1 1 2 2 1 1 2 1 2 2 2
9 2 4 1 1 1 1 1 2 2
1 1 1 1 6 7 8 1 1
2 2 2 5 2 2 1 1 1 1 2
1 1 2 2 2 3 2 1 1 1 1 1 1
2 1 1 1 1 2 3 3 3 1 1 3 1
1 2 1 2 2 2 6 3 1 1 3 2
1 1 1 3 2 3 5 1 1 3 1 2
1 2 1 2 2 13 1 1 2 2 2
2 2 2 3 3 2 1 2 3 2 2
2 1 1 2 8 2 1 2 2 2 1 1 1
2 2 1 3 3 2 2 1 2 2 1
2 2 1 10 2 2 3 3 2

8 1 3 2
1 13 2 4
3 3 5 1 5
4 3 6 3 2
2 7 1 5
9 1 5
6 1 3
16
3 2 2 2 2
3 2
3 2 2 2
1 8 3 2 2 2
3 8 2 2 2 2
3 3 1 2 2 2 1
1 3 3 2 2 1 2
3 5 1 3 1 2 1
8 1 1 1 2 2 1 1
4 1 1 1 1 1 1
2 1 3 2 1 1 1
1 2 1 1 1 1 1 1
5 4 1 1 1 1 1 1
3 1 2 1 1 2 1 1 1 1 1 1
2 1 2 2 2 1 1 1 1 3 1
2 2 3 3 2 1 2 2 2
1 2 2 4 2 4 1 2 1
1 1 2 1 1 2 2 2
1 2 7 1 1 4
2 1 1 1 3 4
3 8 2 4 2
7 2 4 4
3 4 1 3
3 3 4 4
3 4 3 1 6
1 7 4 1
3 23
1 8 3 1 2 1
2 10 9 2
4 4 4 1 2 2
1 20 2
5 2 2 1
24 3
3 3 3 3 2
2 2 2 3 2 3
2 3 3 4 4 1
3 3 4 4 3

#76

빨래 널기

★★★★★

Column clues (top to bottom, left to right)

Column	Clue
1	1 10
2	1 3 3 5
3	1 1 2 2 1 1 4
4	2 1 4 2 2 3 2 1
5	1 3 2 1 2 1 2 1 1
6	2 1 4 1 1 1 2 1 2 1 1
7	1 1 2 4 4 2 1 4
8	1 2 3 2 4 1 1 2
9	2 1 1 2 4 4 1 4 1
10	1 2 1 4 4 2 3 4 1 1
11	1 1 1 4 5 6 2 2 1
12	2 6 4 1 1 3 2 3 2
13	3 2 4 1 5 6 1 5
14	2 3 7 1 1 4 1 1 1
15	2 1 3 6 2 4 2
16	1 5 4 1 1 5 2
17	2 1 1 7 4 5
18	1 5 1 2 2 4 2
19	2 1 2 4 3 4
20	3 1 1 5 2 7 2
21	3 3 5 8 3 2
22	3 1 2 12 5 3
23	4 1 8 5 2 4
24	5 9 5 9
25	7 8 2 3
26	6 1 9 7 2 6
27	17 10 5
28	7 6 15 2 2
29	5 4 3 11 2 2
30	1 3 1 2 9 2 4
31	1 4 5 11 2 4
32	2 5 1 6 7 5
33	1 5 2 2 1 1 3 3
34	1 3 2 1
35	1 3

Row clues (left to right, top to bottom)

Row	Clue
1	3 2
2	2 2 2
3	3
4	3 6
5	3 4 2 4
6	6
7	8 4
8	1 1 2 12
9	1 2 1 2 1 6
10	16 3 1 5 2
11	4 1 1 1 1 1 7
12	2 2 1 1 1 2 7
13	1 2 5 1 1 1 3 4
14	1 2 1 3 1 3 1 2
15	2 9 2 3 2 1
16	3 3 4 3 5
17	1 2 4 9
18	6 3 10 2
19	1 1 16 1 2
20	6 1 13 1
21	2 1 3 2 7 1 2
22	5 4 6 3
23	1 1 4 5 1 3
24	5 3 3 3
25	2 1 4 1 2
26	3 1 4 2 1
27	4 1 3 5
28	1 2 1 6
29	4 2 2 1 2 6
30	2 6 1 1 1 7
31	2 3 3 1 2 1 7
32	1 8 2 1 1 6
33	2 2 1 2 2 1 1 2 7
34	1 2 5 1 2 1 7
35	1 2 4 6 6
36	3 3 15
37	2 1 2 11
38	10 2 1 1 2
39	1 1 2 5 1 1 2
40	12 3 1 3 2
41	2 2 2 6 1 1 2 2
42	4 3 3 1 1 2 1 5
43	6 3 2 1 5 4
44	2 2 2 2 7 5
45	13 4 2 4

#77

백합

★★★★★

Row clues (top to bottom):

- 5 7
- 3 3 3 5
- 3 3 7 3
- 3 2 2 6 7 3
- 2 3 1 2 1 2 8 3
- 2 2 1 2 1 2 2 10
- 3 1 1 4 2 2 6
- 5 1 1 1 2 1 1 2
- 2 2 1 1 2 1 1 2 2 4
- 1 3 1 1 2 1 2 1 2 2 2
- 1 3 1 3 2 2 2 2 1 3 2
- 1 3 2 2 4 2 1 1 3 2 1
- 1 3 4 3 1 2 2 1 3 1 1
- 4 2 2 2 5 3 1 1
- 4 3 2 1 1 2 2 3
- 2 4 2 1 2 1 1 2 4
- 1 4 2 3 2 1 1 3 4
- 3 2 1 1 3 1 2 3
- 8 5 5 2 3
- 2 3 1 3 3 3
- 2 3 1 1 2 1 3 3
- 1 2 1 4 2 2 2 3
- 3 2 4 3 3 3 3
- 1 1 2 2 2 5 2 3 1
- 1 12 1 2
- 1 4 2 1 1 3
- 2 1 5 2 1 3 1
- 3 1 2 3 1 1 1 2 2
- 2 3 3 3 3 2 2 2
- 1 2 2 1 3 1 1 3 2
- 1 1 4 2 1 3 2 2 2 1
- 2 2 2 5 2 3 2 1
- 1 5 4 1 1 7 1 2 1
- 2 4 6 4 1 2 2
- 7 4 1 2 2 2 2
- 2 4 3 3 1 1 5
- 2 3 6 2 5
- 1 2 1 1 3 3 5
- 2 1 3 1 7 3 3
- 1 3 2 1 8
- 3 2 1 1 2 1 2 4
- 2 2 1 2 3 3 3
- 2 2 2 2 2 2 2
- 4 3 5 3 2
- 7 4 2

#78
비 오는 날
★★★★★

Row clues:

```
              5  3  1  1  1
           2  3  3 10  2  1  1
                 3  2  3  3  5
        3  1  3  3  4  3  1  1
           2  7  3  1  4  1  1
              2  1  6  2  5  1
                 1  3  5  1  3  1
              1  4  1  3  5  2  2
           2  1  1  5  5  1  3  1
           3  7  1  2  5  2  3  1
           3  1  1  2  1  1  5  3
                 4  1  3  3  2  8
                    6  2  4  1  5
                    6  1  4  1  4
                 8  1  1  2  3  2
                    7  1  1  1  3
                    1  7  9  9
              1  1  1  1  2 17
        1  1  1  1  1  2  1  4  3
                    3  1  1  2  4
              1  1  2  3  4  6  1
                 1  2  2  2  2  3
                    1  1  3  2  2
           1  1  1  2  1  2  1  3  2
     1  1  1  1  2  3  3  2  2  1  1
           1  1  1  4  1  2  1  3  1
           3  3  1  2  1  1  2  1  1
                 3  3  6  1  2  3
              4  5  1  1  3  1  1  3
           1  1  1  1  6  2  2  2
             11  1  1  6  1  1  2
              5  2  2  1  4  2  2  2
              4  2  2  1  5  2  3  1
                14  1  1  1  4  3
              1  1  4  2  2  3  3  2
  1  1  1  1  1  1  1  3  2  2  5  1
                    3  3 10  4
     1  1  1  1  1  1  1  3  7  1
              1  1  3  2  1  2  3  1
                 3  5  3  1  3  6  1
        3  1  1  1  3  2  2  2  3  2
                 5  1  7  3  7  2
                    5  3  2  4  2
              4  5  1  2  6  3
                      22  6  3
```

#79
헬리콥터

★★★★★

Row clues (left to right per row):

```
                    3
                 5 13
               2 5 11
             1 9 5 3
             2 7 2 5
           4 4 1 8
       4 7 1 10 1
       2 2 8 7 2
   1 2 1 1 1 5
         1 2 1 10
         2 3 6 3
     4 5 8 2 2
       2 13 4 2
       3 11 4 2
         4 9 3 2
         4 11 1 2
         3 11 2 1
           2 6 7 2
           2 5 13
               1 7 1
                 2 19
                 2 16
                 4 11
             1 2 16
     4 1 1 1 1
         5 2 5 1
             5 5 2
             4 2 5
                 3 5
                 2 2
                 3 3
             2 5 2
         2 2 3 4
         3 3 2 2
       2 3 2 2 2
       2 4 3 2 4
       1 8 3 2 2
       2 1 9 4 1
     3 1 2 4 3 2
 3 2 5 2 1 3 1 2
 5 5 2 1 2 1 2 2 1
 13 3 2 2 1 1 2 3
       12 8 2 8
         23 1 9
         21 4 8
```

#80
기타 연주
★★★★★

Row clues (top to bottom):

- 7 6 1 1
- 7 3 2 3 2
- 5 2 1 1 2
- 3 2 2 3 2
- 2 2 5 2 1 1 1 4
- 1 2 10 3 3
- 2 5 2 1 1 1 2
- 1 4 1 5 6
- 2 4 2 3 6 1
- 1 2 1 1 1 1 1 3 3
- 1 2 1 1 5 3 1
- 1 3 2 2 4 2 2 1
- 2 3 2 1 1 4 3
- 9 2 3 3
- 2 5 4 1
- 5 1 4 3 2 2
- 2 6 8 2 2
- 2 1 7 2 2
- 1 11 3 2
- 2 10 4 2
- 1 6 7 2
- 1 8 7 2
- 1 1 5 10
- 3 3 10
- 1 1 11
- 2 8
- 1 8 5
- 2 20
- 3 6 11
- 1 4 13 2
- 1 4 16 4
- 27 2 1
- 23 4 1
- 12 8 4 2
- 10 5 5 1
- 3 8 4 4 2
- 3 9 4 2 3 2
- 13 3 1 3 3
- 14 2 1 3 2
- 14 3 1 3
- 18 2
- 14 2 1
- 8 3 1
- 3 1
- 4

#81
오두막집
★★★★☆

Row clues (top to bottom):

- 3 28
- 2 1 14 7
- 1 2 11 5
- 1 1 10 4
- 2 2 6 4
- 4 1 2 3 4
- 3 1 1 1 2 1
- 2 1 3 2 2 1
- 3 2 2 2 1 1 1 2
- 5 2 1 1 1 1 2
- 2 1 2 5 1 1 3 2
- 3 2 2 2 1 2
- 5 5 1 4 1
- 2 2 1 1 5 5 1
- 8 5 2 2 5
- 4 4 2 2 2 1
- 2 2 3 1 2 1
- 6 9 2 1
- 1 2 3 3 1 10 2
- 5 5 2 1 1
- 2 13 2 1 3
- 5 3 2 1 2 3
- 6 5 2 5
- 1 5 4 2 3 2
- 3 10 9
- 8 2 2 1 14
- 2 3 3 1 4 1 1 6
- 3 3 2 1 1 1 1 1
- 5 6 6 1 1 1 1 2
- 16 1 1 1 1 1 1 2
- 10 2 6 3 4
- 2 3 2 3 1 1 1 1 1 1 2
- 1 5 2 3 6 3
- 5 2 3 1 3 2 1 7
- 4 7 1 4 1 6
- 2 4 5 7 1
- 11 3 6
- 1 3 1 7 6
- 1 1 1 6 2 3 7
- 1 3 1 1 4 2 4 3 2
- 15 3 3 2 1
- 13 14
- 13
- 17 4
- 3 25

#82

벌새

★★★★★

2 1 1 4 1 3 2
2 1 5 1 1 1 1 1 1 2 1 3
2 1 10 1 2 3 1 2 7
1 1 14 1 2 1 1 8
1 2 13 1 1 6 1
1 1 5 1 8 3
1 1 12 4 9 3
1 1 3 3 6 3 8 3
1 16 3 8 3
1 1 12 2 10 2 2 1
1 1 15 7 2 1 1 1
1 1 3 9 4 1 1 2 2
1 3 1 11 2 6 1
3 14 1 1 2 2
2 2 11 1 1 1 3
2 1 2 2 3 2 2 2 1
1 1 3 2 3 1 2
2 4 2 1 2 1 1 3
5 1 1 1 1 2 3 1 2
1 3 1 2 2 2 3 1 3 1
1 1 2 4 3 3 3 1
1 1 2 8 2 2 4 2 3
1 1 16 1 2 2 1 1 2
1 1 14 5 2 1 1 2
1 1 1 1 1 2 4 2 1 1 1 1 4
1 1 1 7 1 2 1 1 1 4 1
3 2 6 2 1 1 5 4 2
1 3 8 4 9 2 2
1 1 11 2 2 6 1 3
1 16 1 7 1 4
19 1 2 2 2 4
1 16 2 1 1 2 1 3
1 1 13 2 2 2 2 3
1 5 8 5 6 4
1 3 2 5 5 7

8 4 3 9 1
3 2 2 1 3
8 2 1 2 5 1
5 1 1 3 4
1 2 4 1 4
1 5 2 5
1 3 3 2 4
1 1 1 4 5
2 1 2 4 8
3 5 3 8
3 5 3 10
4 6 5 7
4 1 5 5 6 1
4 1 5 4 8
4 5 2 16
4 5 1 6 10
3 8 14
3 6 2 16
3 8 2 13
3 9 5 1 3
3 1 7 2 2 4 2
1 3 7 2 1 1 3 2 1
1 1 3 6 4 2 1 2
1 3 7 1 2 1
1 2 3 8 1 2 2
1 1 3 5 6 2 3
2 1 1 6 2 1 1 2 2
1 2 7 1 1 5 1
2 1 6 2 7 1 1
1 2 6 1 2 5 1
1 5 2 2 7 2
1 1 1 5 2 1 4 3
2 1 5 3 1 2 3
1 1 5 4 2 2 2
2 4 3 2 2 2
2 3 2 1 4 3
1 3 2 3 2 3 1
1 4 1 3 1 4 2
4 2 3 1 2
5 1 1 2 1 5 2
4 2 1 4 1 3 4 3
4 1 3 1 3 11
2 2 1 2 1 3 2 4
2 1 1 2 3 4 2
4 17 2

#83

선물

★★★★★

Column clues (left to right, top to bottom):

Column	Clues
1	2 3 3 5 2 2 1 4
2	1 2 2 4 5 1 1 6 2
3	10 3 6 1 1 5 1 1
4	1 4 4 2 4 1 1 4 2
5	1 1 2 6 1 4 2 1 1 6
6	1 2 3 4 3 1 2 1 2 2 2
7	1 1 2 5 1 2 1 4
8	2 1 4 6 3 2 1 3
9	1 2 3 1 1 1 3 1 3
10	2 3 5 1 2 5 1 1
11	2 1 2 1 2 3 4 2 3
12	2 3 5 1 1 5 2 1
13	1 2 5 6 7 3
14	2 2 4 8 3
15	2 2 3 2 9 11
16	2 4 2 10 3 2
17	9 2 3 8 4
18	6 3 3 3 1 7 6
19	4 12 5 1 7 3 1
20	2 4 2 4 6 1 7 1 2
21	1 1 2 1 1 3 8 1 6 1 3
22	3 4 1 2 12 3 1 4
23	3 2 4 2 1 2 3 1 1 1 4 3
24	1 2 5 5 1 1 1 1 3 2 9
25	1 2 3 2 1 1 1 1 3 2 5 3
26	2 1 3 1 2 1 1 1 2 2 2 1 4
27	2 2 3 3 1 1 3 1 1 1 8
28	1 5 1 4 1 2 3 9
29	2 5 1 1 2 2 4 9
30	3 8 1 2 5 8
31	4 6 3 6 8
32	1 3 4 4 8 7
33	3 6 25 7
34	3 5 2 13 6
35	12 12 5

Row clues (top to bottom):

Row	Clues
1	12
2	3 2 2 5
3	6 2 5 1 2 2
4	3 3 3 6 4
5	1 4 2 3 1 3 1 2
6	2 4 2 2 3 2 3 2 1
7	5 2 3 2 3 3 3 1 1
8	7 1 2 1 2 6 3 1 1
9	1 1 3 3 3 2 2 2 2 1 1
10	1 2 1 1 2 1 2 2 2 3
11	1 1 1 2 3 2 3 3
12	2 1 2 1 2 3 3 2
13	2 1 1 2 2 6 7 2
14	1 2 3 2 2 2 2 3 4
15	1 2 1 1 2 1 1 4 4 2 1
16	2 1 1 2 2 2 3 2 1 1
17	2 1 1 7 2 1 2
18	2 1 3 3 3 1 2
19	1 3 1 2 2 1 2
20	1 2 2 4 1 4 2
21	2 1 3 1 1 1 2
22	1 1 1 2 5 3
23	3 2 1 1 1 1
24	3 1 1 2 3 2 1
25	2 2 3 1 2 1
26	3 1 1 2 2 1
27	2 2 8 2
28	1 1 3 4 3
29	1 2 1 7 4
30	1 5 13 7
31	2 26
32	2 9 4 12
33	11 3 9
34	1 1 9 3 6
35	1 1 2 1 1 7 1 2 5
36	2 2 1 1 1 5 1 1 3 1 4
37	1 2 5 1 1 3
38	2 5 1 3
39	2 2 6 1 2
40	1 5 6
41	7 2 7 1
42	4 4 2 5 3 2
43	3 1 2 2 4 9
44	3 2 3 3 3 7
45	6 1 2 1 13
46	4 1 3 1 3 9
47	2 2 1 4 1 1 10
48	1 1 1 1 2 15
49	2 3 2 1 16
50	6 2 18

#84
흔들의자

★★★★★

Row clues (top to bottom):

- 1 1 1 1 1 1
- 14 1 1 1 1 1
- 1 1 1 1 1 2 1
- 1 1 2 5 1 1 1 2 8
- 1 2 2 1 1 1 1 1 2 1
- 1 4 2 2 2 1 1
- 1 5 1 1 1 2 2 1
- 1 3 3 1 3 1 2 1
- 1 3 4 1 3 2 1
- 4 3 1 1 4 1
- 14 1 1 1 1 1
- 1 1 1 1 1
- 1 1 1 1 1
- 1 1 14
- 1 3
- 8 4 3
- 4 4 5 2 3
- 1 2 1 1 1 1 1 1
- 1 1 1 2 3 1 2
- 10 2 2 1 1 1
- 14 2 1 3 4
- 1 1 1 4 1 1
- 14 3 2 1 1 2 1
- 1 2 1 3 1 1 2
- 3 1 5 1 3 1 1
- 4 9
- 11 1 1 7 2
- 1 3 2 7 1
- 2 1 2 6 2 3 2 2
- 2 1 2 11 3 2 1
- 1 7 6 3 1
- 1 6 5 3 1
- 1 7 3 6
- 1 20
- 1 7 3
- 1 1 2 3 14
- 1 3 18 6
- 1 16 2
- 7 15 3
- 6 21
- 10 9
- 14 3
- 12 4 2
- 10 7
- 1 15 3 2
- 4 2 3 2 5 2 3
- 6 3 11
- 3 7 5
- 3 16
- 5 9 3

#85

결승선

★★★★☆

#86
케익 완성!

Row clues (left side):

```
          1 4 4 1
        1 2 4 2 1
      1 2 1 1 1 1
        1 1 1 3 1
        1 1 1 2 1
    12 4 1 1 1 8
        1 1 4 2 1 1
        1 1 1 1 1 1
          1 6 1 2 1
    1 4 3 3 2 2 1
        1 3 6 1 5 1
        1 1 4 6 5 1
        1 4 1 4 3 1
        1 3 2 4 1 1
        1 3 1 1 2 8
  1 3 2 2 2 1 2 2
      5 1 2 3 2 1 1
          5 2 3 4 4
            7 4 12
        4 1 7 2 7 1
      2 1 2 4 1 1 1
          4 1 4 3 2
            3 1 3 13
        2 1 1 1 2 13
        4 1 2 2 2 10
  1 1 6 2 1 4 1 1
      1 2 1 2 1 1 1
          1 2 2 4 4
            4 1 4 18
            1 2 2 16
              3 7 4
              3 1 3 1
              2 2 4 3
                2 7
                2 1 2
                  4 2
              11 1 18
                1 1 5
            10 2 1 17
              9 1 1 6
              9 1 1 6
          8 1 3 5 4
                8 1 5
                8 2 16
                11 4 5
                10 10
            10 1 6 4
                10 1 6
                9 1 17
                  9 1 6
```

#87

체스

★★★★☆

1 1 3 4 1
1 3 4 2
2 1 3 3 3
4 4 2 1 3 2 3
6 6 4 3 2 3
4 3 12 3 3 3
1 4 10 2 1 4 3
1 15 2 2 4 3
2 2 3 5 1 2 3 4 3
2 1 1 2 1 2 3 4 3
4 3 2 1 3 3 4 3
1 3 3 4 3 3 2
2 1 6 1 3 2 4
6 1 1 9 1 1 3 2 4
2 3 6 7 1 1 1 1 5 4
1 3 1 1 1 2 1 1 1 1 3 4
2 1 1 4 2 1 1 1 3 4
1 4 1 1 5 1 1 3 4
1 1 2 1 1 4 1 3 4
3 5 3 6 2 1 3 4
1 3 27 3 3 3
4 11 3 4 8 3 4 3
1 2 4 2 1 1 4 3 4 3 4 3
1 1 1 2 5 3 3 4 3 4 3
3 2 2 1 1 4 1 3 3 4 3
1 2 1 1 5 1 3 4 3
2 2 1 2 1 2 4 3
1 4 2 2 5 1 4 3
2 2 8 1 3 3 3
1 1 2 1 1 1 3 3 3
1 1 1 3 4 1 3 3 3
1 1 2 2 2 1 3 4 2
2 1 2 1 3 4 1
2 1 3 4
2 3 4

2
2 1
2
6
1 3 2
1 1 6
3 2
1 8
5 8
4 4 2
14
1 1 6
2 1 2 1
1 2 1 2 1
4 3 2 1
1 2 1 1 4 1
4 2 1 1 3 1 3
1 3 1 5 6 2 1
6 1 1 1 2 1 2 1 1
5 3 5 2 1 2 1
4 2 1 3 2 1 2 1
3 3 2 2 1 4 1 3
4 1 2 1 4 1 2 2
4 3 2 1 4 1 5
6 1 2 1 4 1 3
6 2 5 2 1 1 1
6 1 2 1 4 1 2 1
7 3 1 4 1 5
7 2 1 7 1 1
3 10 3 2
6 2 5 6
3 5 5 1 2
9 5 1 1
3 29 1
1 2
1 8 6
8 7
6 20 7
7 6 8
6 7 7
8 8
8 9
8 10
11 8 14
4 8 6
3 9 5
2 10 4
9 11
10 12
10 13

#88
가족 나들이
★★★★★

#89
페인트 칠

★★★★☆

Row clues (top to bottom):

```
            5 1 5 14
          5 1 2 2 1 6
              1 1 5 1 4
          5 1 4 1 1 2 3
        2 2 1 4 1 1 9 3
          1 2 1 2 1 5 4
          2 2 1 4 1 5 6
              1 2 1 9 12
          2 2 1 2 4 9 5
          1 2 1 3 3 6 5
              2 2 6 2 6 6
                2 6 1 19
          5 1 4 1 7 5 6
                2 3 4 12
                6 5 3 1 10
      1 2 2 3 3 1 1 8
      2 2 1 2 1 1 1 7
          5 1 2 1 2 1 7
              1 2 1 1 1 5
          5 2 1 1 1 1 5
              1 2 1 1 1 5
            1 1 1 1 5 7
            7 1 1 1 1 3
            2 1 2 5 3 2
            1 1 1 5 2 1 2
      7 2 1 2 2 1 2 2
      8 4 1 1 1 1 1 2
    1 6 3 1 2 1 2 1 3
          2 3 1 5 2 2 10
            1 1 2 1 1 2 5
            1 1 2 1 1 2 5
          1 1 2 1 1 3 1 3
          1 1 2 1 1 2 1 2
          1 1 2 2 1 2 1 1
          2 3 3 2 1 4 1 1
          5 1 3 2 1 1 4 1
          1 2 3 1 2 3 1 1
                5 1 2 2 1 5
                1 1 1 2 1 5
                5 2 3 2 1 5
                5 1 3 2 2 5
                5 1 3 1 1 5
                      8 6 16
              5 1 3 1 3 4
              5 1 3 1 3 2 1
            4 1 3 1 5 1 1
                    8 1 5 4
                    4 2 4 9
                        4 3 6
                        1 9 4
```

#90
자전거

★★★★★

Nonogram puzzle grid.

Row clues (top to bottom):
- 5
- 5 5 5 5 5 1
- 1 3 2 5 5 5 5 1
- 7 1 3 5 5 5 1
- 1 5 5 5 5 5 1
- 1 5
- 7 25
- 1
- 2 2 5 5
- 3 5 5
- 2 2 2 2 2
- 32
- 3 3
- 9
- 2 2 9 3
- 7 4 2
- 8 5 2
- 6 1 8 7
- 6 1 10 10
- 8 10 4
- 6 10 1 1 6
- 2 4 11 12
- 3 3 12 8 1
- 2 3 6 3 1 1 3
- 3 1 7 2 7 3
- 2 2 9 2 1 3
- 2 10 4 1 1
- 3 12 3 3
- 5 6 4
- 5 7 7
- 4 6 4 3
- 3 7 2 2
- 8 5 1 7
- 2 3 3 2 3 2
- 2 2 6 2 2 2
- 2 1 2 2 1 2 2 2
- 4 2 1 2 2 1 1 3
- 1 1 3 1 4 1 3 2 1
- 1 1 3 1 2 2 1 2 1 1 1
- 1 3 7 1 1 3 1
- 1 1 5 1 1 1
- 2 2 4 2 2 2
- 2 2 2 2 1 2
- 2 2 2 2
- 10 7
- 1 7 5
- 7 2 5 2 3
- 3 2 3 3 2 3 2
- 2 8 2 2 9
- 3 3 1 11 3

#91
표지판
★★★★☆

Row clues:

```
            4 7
      4 3 3 10
          4 4 3
        5 4 3 5
            7 9
        6 4 5 3
        4 6 4 3
     10 2 3 3 1
   1 6 2 6 3 3
        7 3 3 4
      4 2 2 3 3
  3 2 2 2 4 3 1
       11 3 3 2
     1 11 13 1
     10 1 3 4
          7 3 5
       4 11 1 3
        6 5 7 3
      6 5 3 3 2
      4 5 5 1 2
      3 5 2 1 2
    6 5 7 4 1 2
      5 5 4 1 2
  1 1 2 2 5 1 4
      3 5 4 1 3
      4 5 2 3 1
      1 3 2 2 5
    2 1 2 7 1 1
    1 1 4 3 1 1
        3 3 2 1
        1 1 3 4
      3 1 1 1 6
 3 1 2 1 1 1 2
        3 2 3 5
    5 3 3 2 1 2
        4 4 3 6
    1 3 3 1 1 6
    8 1 2 3 2 3
        6 4 3 8
        7 8 3 6
 3 4 3 1 1 1 3
        6 6 4 6
    3 4 11 1 1 2
      1 7 1 1 3
      7 7 1 1 5
        5 8 1 2
      3 7 3 3 4
      6 7 3 3 1
  3 3 1 3 4 3
           16 7
```

#92
소년과 나비
★★★★★

Row clues (top to bottom):

- 1 1 1 1 5
- 3 2 4 7
- 1 1 2 1 5 1
- 1 1 1 2 5 2
- 1 1 2 3 3 1
- 1 1 1 5 2 9
- 1 4 1 8 2 3
- 3 1 1 8 2 4
- 2 2 3 4 3 4
- 1 1 2 5 2 4
- 1 1 1 3 2 5
- 2 2 1 2 4
- 2 1 1 1 4
- 3 2 1 1 2 4
- 1 2 1 1 2 3
- 1 2 2 1 2 2
- 3 1 1 1 3 1
- 1 1 1 3 2
- 3 2 1 3 2
- 1 2 2 1 3 3
- 1 5 3 3
- 2 5 4 2
- 2 4 8
- 3 5 7
- 3 6 5 1
- 1 7 2 1
- 1 7 1
- 1 10 1
- 1 5 4 4 2
- 1 2 2 2 7 2
- 3 1 2 5 4 2
- 2 1 1 2 7 4 3
- 2 1 4 1 6 3 3 2
- 1 1 3 2 5 2 1 2 2
- 2 1 3 6 3 1 2 2
- 2 1 4 3 1 1 3 1 2 2
- 1 1 2 1 8 2 1 5
- 2 3 4 2 3 6 1
- 1 1 5 6 1 3 3 1
- 1 4 5 2 2 1 1 1
- 1 1 6 5 2 1 2 2 1
- 1 1 4 5 1 2 1 2 4
- 2 5 4 1 3 2 1 4
- 2 2 4 6 2 2 2
- 1 6 6 5 3 2
- 1 1 2 5 1 4 2 2
- 1 5 7 1 4 1 5
- 4 3 4 2 3 1 3 1
- 1 4 9 5 1 1 1 1
- 4 1 5 2 2 1 1 1

#93
첼로 연주자
★★★★★

#94
에펠탑
★★★★★

Row clues (left, top to bottom):

- 2 1 3 14 2
- 2 1 1 2 5 7 8
- 3 2 6 12 1
- 3 1 8 7 5
- 2 1 2 3 3 6 1 5
- 2 2 1 4 2 7 2
- 1 1 2 2 1 3 13 1
- 5 2 12 3 1
- 2 3 1 1 2 4 3 1 2
- 2 2 4 3 2 7 2
- 4 1 2 2 2 3 1 1 3
- 4 2 4 1 2 5 4
- 2 2 5 1 2 3 1 1 2
- 2 1 3 3 1 2 1 1 3
- 3 1 2 3 2 3 4
- 4 1 1 4 3 3
- 5 3 3 7 1 1
- 2 1 7 2 2
- 2 2 5 6 2 6
- 5 1 1 2 3 2 1 4
- 3 2 1 3 2 2 8
- 6 1 4 2 5 1 5
- 4 1 2 2 4 1 3 1 1
- 2 2 3 2 3 9 2
- 3 3 2 3 5 4
- 3 1 1 2 3 3 5 1
- 3 3 3 3 8 4
- 2 1 1 4 3 8 2 2
- 2 2 2 2 7 1 2
- 2 1 2 3 12 2 2
- 2 2 1 2 5 4 4 1
- 1 1 1 2 4 4 2 6
- 1 2 3 8 1 7
- 2 3 3 4 2 1 2
- 1 3 2 3 2 4 2
- 1 3 3 2 2 3 2
- 2 3 3 1 2 2 2
- 1 3 3 1 2 2 1
- 1 3 1 2 1 1 3 2
- 2 3 1 2 1 1 8
- 1 2 1 2 1 1 1 10 1
- 1 1 1 2 1 1 3 4 1 1
- 2 2 2 2 1 1 2 3 6 1
- 1 2 2 2 1 12 1 2
- 1 1 1 1 1 2 10 2 1 1
- 1 2 1 1 9 1 2 1
- 1 2 1 17 2 1 1
- 1 1 2 14 1 1
- 1 3 7 3 3 2
- 11 4 2 1 1

#95
코뿔소

★★★★★

Row clues (top to bottom):

- 4 6 8
- 10 14
- 13
- 5 3 3
- 1 1 4 6 2 7
- 8 5 7
- 3 4 7 2
- 9 3 1 3 3
- 10 2 1 3 2
- 3 3 3 3
- 4 3 2 2
- 3 2
- 5 1 1 2
- 3 3 2 1 1 1 2 2
- 8 1 1 1 1 2 2
- 7 1 2 2 2 1 2
- 3 2 2 2 2 1 1 1
- 1 3 1 2 2 2 1 1
- 3 4 1 3 2 1 1 1
- 1 3 1 1 2 2 2 1
- 2 2 2 2 3 2 1
- 3 2 2 2 2 1
- 4 2 2 1 1 1
- 2 2 1 1 1
- 3 3 1 2
- 1 2 3 2
- 4 4 1 3
- 2 2 1 2 1 3
- 1 2 2 2 2 4
- 1 2 1 3 4 9
- 2 2 5 4 2 1
- 6 3 1 2 2 1
- 1 1 4 1 1 2 1 1
- 2 2 4 2 2 2
- 2 2 2 3 1 1 2 1 1
- 4 1 4 1 3 2 1 1
- 4 4 1 1 2 2 2
- 7 2 2 1 2 7
- 2 1 2 3 7
- 2 3 5 2 10
- 5 1 3
- 20 5
- 4 15
- 5 3 2
- 8 2 7
- 13
- 1 3 3 19
- 1 7 4 8
- 2 2 9 4 2 1
- 8 6 1 4 3 5

#96
인라인 스케이트

★★★★☆

Row clues:
- 2 2 1 1 2 1 1 1 1 1 1
- 2 2 1 1 2 1 1 1 1 1 1
- 3 2 1 1 2 1 1 1 1 1 1
- 2 1 2 3 1 1 1 1 1 1 1
- 2 2 1 4 1 1 1 1 1 1 1
- 2 1 4 2 1 1 1 1 1 1
- 2 2 1 1 3 1 1 1 1 1 1
- 2 1 4 2 1 1 1 1 1 1
- 4 1 5 1 1 1 1 1 1
- 1 1 1 1 2 15
- 1 1 7 1 1 1
- 3 1 1 2 1 1 5
- 2 7 7 5
- 9 3 1 1
- 1 1 3 9
- 1 5 4 1
- 1 5 5 1
- 3 1 16
- 1 8 16
- 1 2 17
- 2 1 13 3
- 9 11 3
- 8 9 3
- 8 8 2 2
- 9 7 2 2 2
- 10 8 2 3 2 1
- 5 2 3 4 1 3 1 2
- 4 5 2 3 2 2 1
- 3 2 1 2 4 2 1 2
- 2 3 2 3 6 2 1 1
- 2 1 3 2 13 3
- 3 2 2 13
- 7 1 19
- 16 18
- 17 17
- 17 17
- 1 3
- 6 5
- 1 3 3 5 5
- 4 2 6 6
- 2 3 2 3 2
- 1 2 1 3 2 3 2
- 2 3 2 3 6 6
- 6 1 4
- 6 1 1 2 1
- 4 6 2 4 1 5
- 6 3 3 2 3 2
- 6 9 8 2
- 9 8 2
- 7 6 1

Column clues:
- 9 20 3
- 7 3 1 16 2 4
- 3 3 2 5 4 7 6 8 1 1 2 3
- 5 1 3 7 4 6 1 1 1 4
- 1 1 1 1 3
- 5 4 3 2 1 6 2 1 4
- 3 4 2 5 7 3 1 3
- 4 4 2 4 2 1 1 3
- 2 1 5 2 4 3 4
- 4 5 2 6 2 5 3
- 5 5 2 2 3 2 7
- 5 6 2 3 1 3 3
- 1 7 2 3
- 7 3 2 2 1 2 7
- 6 24 5 1 1 9
- 10 15 2 4 3
- 14 7 5 2 3
- 1 1 11 2 1 3
- 10 1 6 7 8 9 1 3
- 1 1 5 2 19 3
- 6 1 2 4 1 5
- 10 1 7 11 2 1
- 1 1 6 3 2 1
- 2 2 4 4 4
- 1 1 1 3 11 10 1
- 10 2 2 6 2 3
- 1 1 4 2 4 3 3
- 10 2 1 2 2 4
- 2 3 4 3 4
- 3 2 3 2 1 1 5
- 2 3 3 2 3 2 4
- 6 3 3 1 2 1
- 2 2 2 3 2 4 4
- 3 2 3 1 4 2 3
- 2 2 3 3 4 5

#97
승마
★★★★★

Nonogram puzzle — row clues (left to right within each row):

- 5 4 6 10
- 7 6 2 5 3
- 4 5 3 1 2 1 2 2
- 4 1 2 2 4 3 4
- 2 4 1 1 3 2 5
- 2 1 3 2 5 2
- 3 2 7 4 1 1
- 3 3 8 2 2 2 1
- 6 4 9 2 2 1
- 2 2 2 4 6 5 1
- 1 2 2 3 1 1 3 3
- 1 4 1 7 4 1 4 2
- 7 2 12 3 3 2
- 2 3 7 5 4 2 2
- 1 3 2 2 4 6 2
- 6 2 2 2 3 5 3
- 2 3 8 3 2 4 2
- 1 4 2 2 2 2 5 1 1
- 4 4 3 2 3 5 1
- 6 4 5 2 3 4 3 2
- 2 2 5 3 9 5 4 2
- 1 5 3 3 5 4 3 1
- 1 8 3 2 3 1 8 1
- 10 4 2 1 1 2 5
- 5 5 11 2 6
- 4 19 1 4 1
- 5 8 6 4 1 2 3
- 6 5 3 3 1 2 3 4
- 6 5 7 2 7 3
- 6 5 4 1 3 4 1 1 3
- 3 5 4 2 2 4 2 3
- 3 4 7 4 2 4 1
- 2 3 6 3 5
- 2 6 5 3
- 3 4 5 2
- 2 3 5 1 1
- 4 3 1 2 12 1 1
- 5 3 1 1 4 1 9
- 4 2 10 10 1 1
- 3 3 2 1 1 4 1 9
- 4 10 5 1 1 1
- 5 2 1 1 13 1 1
- 4 1 15 3 9
- 3 33 1
- 40

#98 호랑이

★★★★★

Row clues (left):

											4
										2	2
									2	1	3
									2	2	5
							2	1	2	3	3
							1	5	2	2	3
2	3	1	1	5	2	3	1
					1	4	9	9	1
					2	5	3	16	1
	1	4	3	2	12	1	1
		1	8	2	2	4	3	1
			2	5	1	5	12	1
			2	5	3	5	5	1
		2	3	5	2	1	4	1
		4	4	1	2	2	3	1
			4	5	2	2	2	4	2
3	3	1	1	1	3	3	1	2
2	2	2	1	1	1	2	2	1	1	2
	1	3	3	2	3	2	5	1	2
		3	6	4	3	4	2	2
			3	5	6	1	2	4	1
				2	10	1	1	1	7
	3	3	2	2	2	2	2	2
		5	2	3	6	1	1	1
				4	2	2	3	2	1
			4	3	1	2	2	1	1
				4	2	3	2	3	1
					3	1	3	1	2
					2	3	7	1	1
					2	2	3	1	1
						4	6	3	2
						5	5	3	2
					1	4	5	3	2
1	3	2	6	4	1	3	3
		1	6	2	2	3	5	3
		1	6	3	5	3	1	1
				2	5	1	4	3	4
		2	4	3	6	3	1	2
		2	3	3	6	4	1	1
					3	4	2	3	2
		3	3	2	6	1	2	1
		3	2	9	2	3	1	1
				4	11	3	4	3
						8	16	2
				10	2	5	3	3
					2	9	2	1	2
			1	1	6	2	3	2
			2	2	1	3	2	5
				6	1	3	6	5
						7	2	18

#99
자유의 여신상

★★★★★

Row clues (top to bottom):

- 4 4
- 5 5 3
- 5 6 3
- 15 4 2
- 2 11 4 4
- 6 3 6
- 2 2 10 5
- 2 2 3 7 3 6
- 3 4 5 3 3 4
- 8 5 2 2 2 2 1
- 6 3 3 1 2 2 3 1
- 4 5 2 2 2 2 2 1
- 2 4 3 3 2 2 2 2 8
- 2 1 3 3 3 11 2 4
- 1 3 2 9 10
- 2 2 3 3 4 10
- 3 2 5 8 7
- 2 5 4 1 4 5
- 3 3 3 1 1 3 1 4
- 1 4 5 2 1 3 2 4
- 3 4 2 1 2 3 2 5 1
- 2 3 1 1 2 1 2 3 1 2 2
- 3 1 1 2 1 1 2 6 1 2 2
- 4 1 1 2 1 1 5 3 1 4
- 7 1 2 8 3 1 4
- 19 2 5
- 1 11 4 1 3
- 4 6 3 1 3
- 9 9 2 1 3
- 3 7 4 1 2 3
- 10 8 2 2 2
- 2 2 5 5 2 4 1
- 2 2 2 6 2 5 2
- 4 3 3 3 1 1 6
- 2 4 3 1 1 5
- 1 5 4 1 2 3
- 1 1 5 4 1 4 2
- 3 6 4 1 5 1
- 7 4 1 8 2
- 1 7 2 1 1 11
- 1 7 1 9 3
- 2 7 4 1 3 1
- 7 3 1 3
- 7 4 2
- 6 6 3 2
- 4 1 3 2
- 2 2 1 1 1 2 2
- 3 4 2 2 4
- 1 5 1 1 2 3
- 2 7 1 1 8

#100 플라밍고

★★★★★

Row clues (top to bottom):

- 14 2 2
- 15 2 1 1
- 5 13 1 3
- 10 2 1 4
- 16 1 3 4
- 7 1 1 6
- 7 1 1 4
- 9 1 1 4
- 11 1 1 2
- 11 1 1 2
- 13 1 2 1
- 13 1 1
- 26 1 1 7
- 1 1
- 13 2 1
- 11 1 1
- 16 1 1 1
- 11 2 3 1 1 1
- 7 3 2 3 1 1 1
- 6 1 2 6 1 2
- 3 1 2 2 1 2
- 3 1 1 1 1 2
- 2 1 2 1 1 2
- 2 1 2 2 2 1 2
- 2 4 2 1 1 2 2 1 2
- 2 8 2 3 2 2 2 2
- 2 3 4 2 2 2 1 2 2
- 2 2 2 1 2 2 2 2 2
- 10 2 4 3 2 2 2
- 11 7 2 2 2
- 11 3 2 2
- 1 3 3 3 2 2
- 2 1 2 1 3 2 1
- 2 7 1 1 2 3 2 1
- 3 8 1 2 3 2 1
- 2 1 8 2 3 2 1
- 2 2 6 1 1 5 2 3 4
- 2 2 9 3 3 4
- 2 2 1 5 2 3 4
- 2 2 1 1 1 10 3 4
- 1 3 2 1 1 3 3 4
- 1 3 3 1 1 10 3
- 4 3 2 2 3 7 3
- 4 4 7 7 3
- 3 4 6 6 3
- 3 4 11 6 3
- 2 4 6 18
- 2 4 7 10
- 6 7 9
- 5 8 9

LOGIC ART
중·고급

해답

중급

#2 컵 안의 고양이

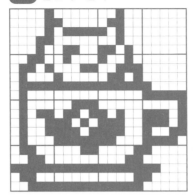

#2 숲속의 섬

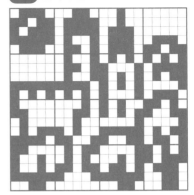

#3 그림 그리기

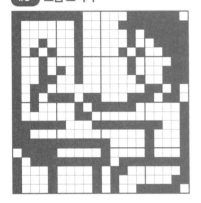

#4 바람 부는 날

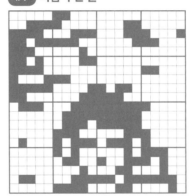

#5 겨울

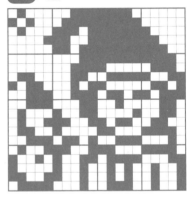

#6 메이크업

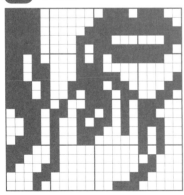

#7 꽃과 과일

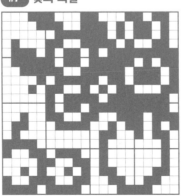

#8 앵무새

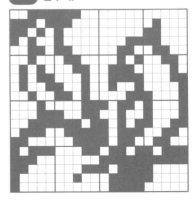

#9 돌고래

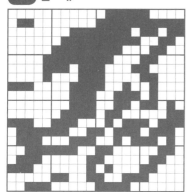

#10 아기용품

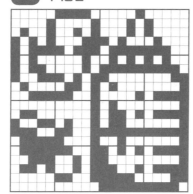

#11 썰매

#12 말

#13 소녀와 강아지

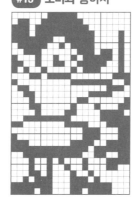

#14 바이올린 연주

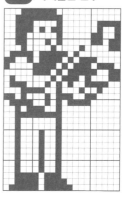

#15 오토바이

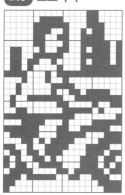

#16 드럼 연주자

#17 양치

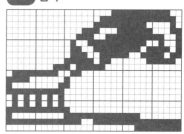

#18 배구

#19 이층버스

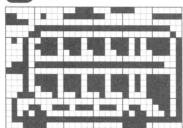

#20 마녀

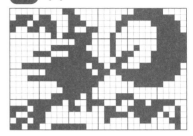

#21 천칭

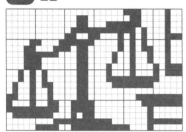

#22 전화기

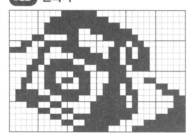

#23 비행기

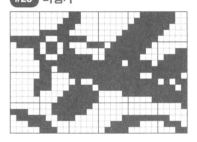

#24 기차

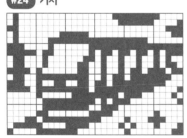

#25 앰불런스

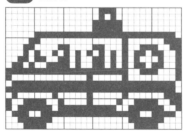

#26 테니스

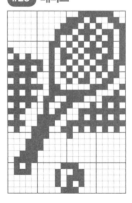

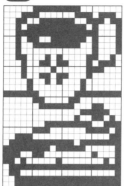

#28 미끄럼틀

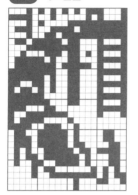

#29 집

#30 화가

#31 해변의 여인

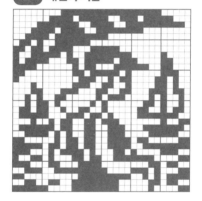

#32 가로등

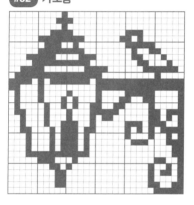

#33 발레리나

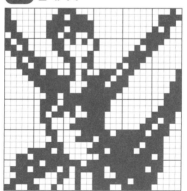

#34 타워 브리지

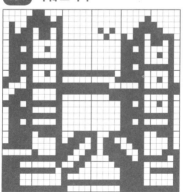

#35 파인애플

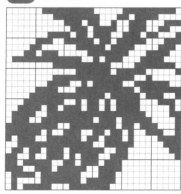

#36 화산폭발

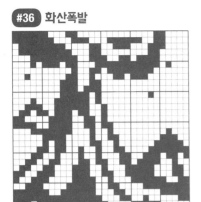

#37 뜨개질

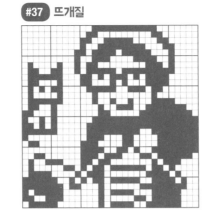

#38 광대

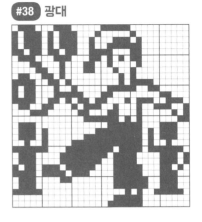

#39 반신욕

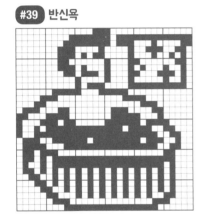

#40 닻

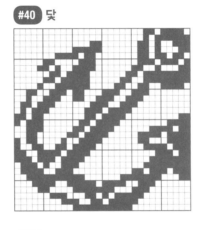

#41 기사

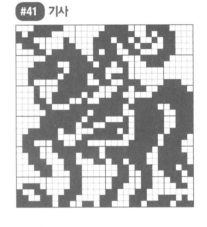

#42 치타 가족

#43 드라이브

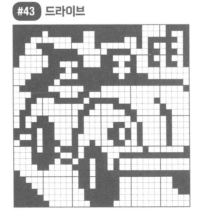

#44 기도

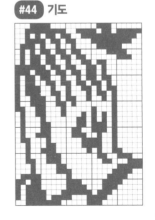

#45 인어

고급

#46 친구

#47 달타냥

#48 타지마할
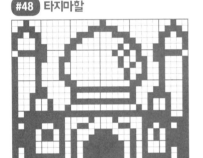

#49 버팔로
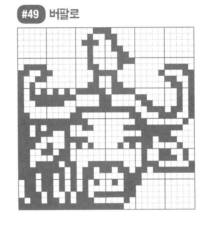

#50 독수리
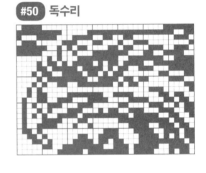

#51 축구
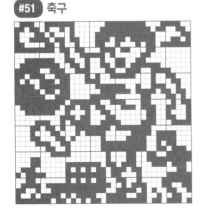

#52 경찰관
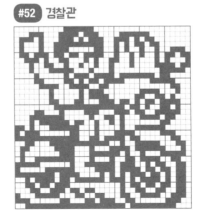

#53 낚시

#63 마구간

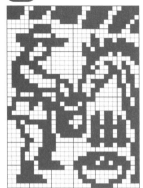

#64 농촌 풍경

#65 허수아비

#66 어미새, 새끼새

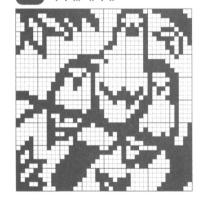

#67 원숭이

#68 궁수

#69 사과 따기

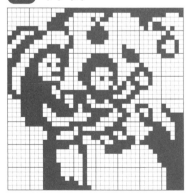

#70 밀크 셰이크

#71 킥보드

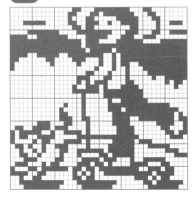

#72 티타임

#73 요정

#74 아름다운 여인

#75 뗏목을 타고

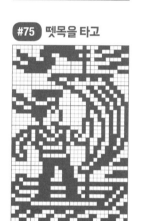

#76 빨래 널기

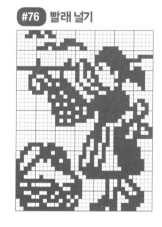

#77 백합

#78 비 오는 날

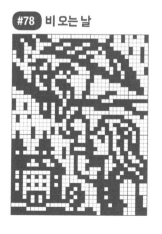

#79 헬리콥터

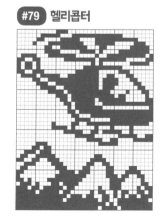

#80 기타 연주

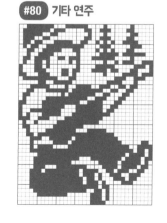

#81 오두막집

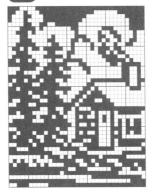

#82 벌새

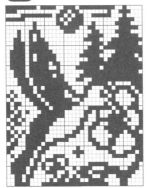

#83 선물

#84 흔들의자

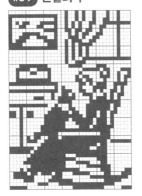

#85 결승선

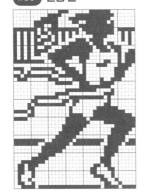

#86 케익 완성!

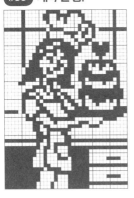

#87 체스

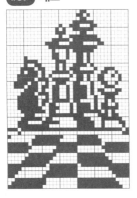

#88 가족 나들이

#89 페인트 칠

#90 자전거

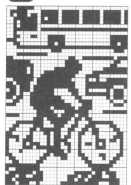

#91 표지판

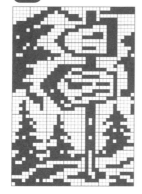

#92 소년과 나비

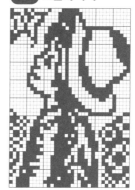

#93 첼로 연주자

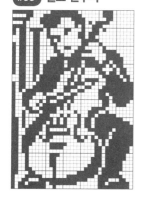

#94 에펠탑

#95 코뿔소

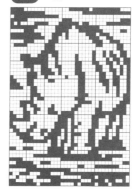

#96 인라인 스케이트

#97 승마

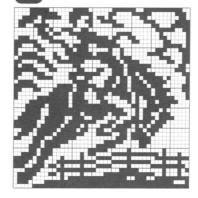

#98 호랑이

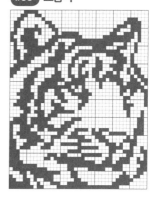

#99 자유의 여신상

#100 플라밍고

블랙 로직아트 중급

저자 | 컨셉티즈 퍼즐
발행처 | 시간과공간사
발행인 | 최훈일

신고번호 | 제2015-000085호
신고연월일 | 2009년 11월 27일

초판 1쇄 발행 | 2018년 11월 10일
초판 3쇄 발행 | 2022년 02월 04일

우편번호 | 10594
주소 | 경기도 고양시 덕양구 통일로 140(동산동 376)
주소 | 삼송테크노밸리 A동 351호
전화번호 | (02) 325-8144(代)
팩스번호 | (02) 325-8143
이메일 | pyongdan@daum.net

값 · 8,800원

ISBN | 978-89-7142-261-8 (14410)
     978-89-7142-259-5(블랙 세트)